# 作者简介

许谷，加拿大麦克马斯特大学材料科学与工程系教授，加拿大工程院院士。曾获匹兹堡大学硕士、博士学位；及哥伦比亚大学工程博士学位。长期从事燃料电池，有机光电材料，和纳米结构探测等方面的研究。

陈平，广西大学物理科学与工程技术学院讲师。曾获中南大学学士学位、浙江大学博士学位。从事纳米结构和稀土光学研究。

# 从 X 射线衍射基础到纳米结构探测

# X-ray diffraction: from basics to nanostructure determination

**Gu Xu(许谷)   Ping Chen(陈平)   著**

# 内容简介

本书以"居高临下"的方式，介绍 X 射线衍射原理及应用。本书共 5 章，主要内容为：引言：登高才能望远，从波、透镜到图像，编码：X 光的基础，X 光的方方面面，X 光衍射的仪器。同时附有科研实例分析，通过具体的 X 射线衍射谱图分析纳米微结构信息。此外，提供了纳米结构例题分析，供各位读者参考选用。

本书可作为高等学校材料科学与技术、物理科学、电子科学、化学化工、生物科学与工程等专业学生的教材，也可供相关专业科学人员参考。

未经许可，不得以任何方式复制或抄袭本书部分或全部内容。

版权所有，侵权必究。

# 自序

科学研究最初的起源、最后的前沿及我们正在研究的内容大都与结构息息相关。探测和了解物质的结构也是理解物质内部运行规律，进一步优化、设计并获得优良性能的基础。X射线衍射作为一种从原子尺度了解物质内在结构的强有力手段，是目前探究结构信息最前沿的工具之一。

对于初次接触X射线衍射的学者，往往会有"只见树木，不见森林"的感觉，无法清晰的理解这片"森林"的"枝枝脉脉"。在这本书中，我们试图走出常规，从波的基本理论出发，介绍X射线衍射原理及前沿应用，希望给大家提供一个居高临下的视角。即从"金字塔"的顶点出发，希望能给大家一种一击即中的体验，从而一眼看到整个森林。

同时，考虑到读者的广泛性和结构探测的重要性，本书对基础知识的起点要求较低。从中学物理课中波的基本表达式出发，层次分明，逐步深入。本书中所有方程和公式的推导十分简洁，由厚到薄，深入浅出，一目了然。本书的终点在于科学前沿的纳米结构探测和分析。通过科研实例分析，探测纳米微结构信息，解决相关科学问题。即：起点较低，推导更简单，终点更深、更前沿。同时，为了便于理解，本书舍弃使用生硬的书面语言，更多采用口语化的词句，希望能够达到与读者"面对面"交流的语境。

本书共5章，主要内容为：引言（登高才能望远），从波、透镜到图像，编码：X光的基础，X光的方方面面，X光衍射的仪器。同时附有科研实例分析，通过具体的X射线衍射谱图分析纳米微结构信息。此外，提供了纳米结构例题分析，供各位读者参考选用。

本书中方程和推导过程省略了很多相关因子，目的在于由厚到薄，把最重要的信息留下来，方便讨论。因为相关公式均可以通过书籍或网络查找到，所以省略了许多标注或参考文献。同时，为保持逻辑思维的严密性和思路的发散性，书中部分内容配有脚注，脚注内容为讲解内容的补充和深入，仍十分重要。

本书书写过程中作者收到领导与同事提出的许多宝贵的意见，感谢广西大学物理学院梁恩维院长和冯哲川教授的大力支持，感谢张弛为此书的出版所做的许多工作，在此表示诚挚的感谢！

由于作者水平有限，书中可能存在一些缺点和错误，希望广大读者给予批评指正。

作者

2017 年 8 月

于广西大学及加拿大麦克马斯特大学

# 目　录

第一章　引言：登高才能望远……………………………………1

第二章　从波、透镜到图像…………………………………………4

  2.1 X 光没有透镜……………………………………………6

  2.2 波的传播及表示…………………………………………8

  2.3 波的叠加…………………………………………………9

  2.4 X 光的叠加………………………………………………10

第三章　编码：X 光衍射的基础……………………………………13

  3.1 位置变成方向信息的深远意义…………………………13

  3.2 编码和傅里叶变换………………………………………14

  3.3 傅里叶变换的特性及有用的公式………………………17

  3.4 位相问题…………………………………………………18

  3.5 建立模型拟合……………………………………………19

  3.6 "原胞"对$|F(K)|^2$的贡献，结构因子…………………21

  3.7 原子对$|F(K)|^2$的贡献…………………………………23

  3.8 "晶格"对$|F(K)|^2$的贡献………………………………24

第四章　X 光衍射的方方面面………………………………………26

  4.1 消光现象…………………………………………………26

  4.2 相干长度…………………………………………………26

    4.2.1 纵向/时间相干长度………………………………27

    4.2.2 横向/空间相干长度………………………………28

    4.2.3 Coherent block……………………………………29

  4.3 倒格空间…………………………………………………30

  4.4 衍射几何…………………………………………………31

4.5 粉末 X 射线衍射……………………………………..…32

4.6 帕斯伐恒等式…………………………………….……33

4.7 非晶……………………………………………………34

4.8 Patterson function………………………….…………36

4.9 空白法……………………………………...…………36

## 第五章 X 光衍射的仪器……………………………………37

5.1 X 光的产生………………………………….…..……37

5.2 同步辐射…………………………………………..…39

5.3 X 光的探测…………………………………………40

5.4 多园转角器……………………………………..….41

5.5 单园转角仪…………………………………………42

5.6 小角衍射仪…………………………………………45

5.7 温度…………………………………………………45

5.8 偏振…………………………………………………46

例题……………………………………………………………47

研究实例………………………………………………………48

附录I……………………………………………………………49

# 第一章 引言：登高才能望远

科学研究中经常遇到的情况是：只见树木不见森林。怎样才能看见整个森林呢？有一个简单的办法，就是爬到山上去。从山上往下看，就可以看到整个森林。也就是说，要站得"高"才能看得"远"。问题是，怎样才能登高望远？答案并不难，科学上的"登高"相当于"细究"，也就是要深入了解内在结构。只要结构清楚了，许多问题便一目了然。

从整个科学的前沿来看，在人类对自然界的认识过程中，甚至对人类社会自身的了解中，"结构"不仅是首先要探测的，而且也往往是最终要细究的。什么是结构呢？其实就是研究对象所处的相互位置。比如：社会结构、经济结构、上层建筑、以及它们之间的层次结构等等，直到原子尺度上的结构，即原子之间的相互位置。这是一个非常关键的概念，关键到什么程度？可以这么说，整个自然科学不但是从它开始的，而且也是现代科学最前沿所在。为什么这样说？大家只要翻开自然科学的顶级期刊，就会发现最重要的篇幅常常被用来刊登蛋白体的结构。这就是现代科学的最前沿之一；人类花了极大的精力，用 X 光衍射、电子显微镜等，去发现新的蛋白体以及它的结构。虽然这些结果很模糊，根本还没到原子尺度，却已经是"诺贝尔奖"级的成果了，尽管这与攻克癌症等还有相当的距离。这表明，结构是一切的基石。只有把结构弄清楚了，才能够分析功能，进一步设计药物及治疗方法。

让我们再回到从前，看看近代科学是从什么时候开始的呢？大家可能会想到，中小学的时候最早接触的是牛顿，伽利略等等。他们对自然界的观察与总结，是近代科学的开端。人类在他们之前，早就用眼睛观察到了同样的东西，甚至看了几千年，但很少总结出科学的规律。其中一大原因是，眼睛可以看到的东西非常有限。人类真正开始看到微观世界，真正了解自然界的结构及其运动规律，是从显微镜和望远镜开始，并且迅速发展的。所以无论如何，从近代科学的起始，到目前的最前沿，都与结构的观察及探测有关。而这一切所依赖的,则是光学显微镜,望远镜,以及现代电子显微镜、X 光衍射仪等"登高望远"的手段。

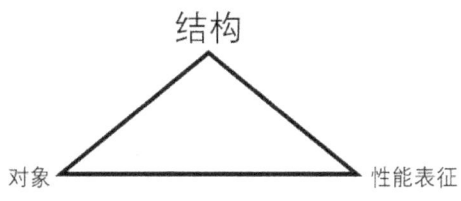

图 1 现代材料科学的三个基本要素

从事非生命科学研究的读者,可能会觉得以上种种与自己关系不大。但事实正好相反。就拿涵盖广泛的现代材料科学来说,想要做到创新,不但要有比较"新"的对象、性能,还须有结构信息等几个基本要素,如同我们经常所说的材料三角形(图 1)。这个三角形的左边是研究对象,或者说是系统。右边是表征,通过它获得新的特性,或优于目前已有的特性。如果研究的过程只是通过左边的改良而获得右边的提高,这便与"炒菜"没什么两样。大家知道,这样的论文无法写得深刻,或从中获得具有普遍意义的结论。毛病出在哪呢?往往出在缺少对科学问题的探讨,即没有把事情为什么是这样弄清楚。众所周知,科学问题的特征之一就是原子尺度的结构[I]。所以"结构"不但处在三角形的顶点,而且是整个三角形中最重要的支撑。比如,把这类材料的结构和特性之间的关系搞清楚了,就可以获得具有更普遍意义的结论。所以,科学问题在很多情况下就是结构问题。甚至对于不那么新的材料,正因为结构并非完全清楚,才会不断发现新的特征,其中依然存在科学问题。

然而,作为"登高望远"重要手段之一的 X 光衍射,尽管已有许多经典教科书,却很难找到一册既有深入浅出的理论探讨,又有联系前沿的实际例子。有鉴于此,借这个机会要与大家分享的,不仅要有简明扼要的 X

---

[I] 结构问题往往可分为好几个层次,像一个金字塔,可以从上往下,也可以从下往上:电子层结构-原子层结构-晶体结构-相结构-组织结构-……-宏观结构。不同的学科,研究的层次不一样,每一层结构都会有互相的影响。

光衍射理论，还包括应用，尤其是针对纳米结构的应用。希望能在这里给大家提供一个居高临下，在"森林"之上的观察角度。

# 第二章 从波、透镜到图像

如前所述，一般情况下，科学问题具有两大特征，一是原子尺度，二为矛盾冲突。这两大特征表明，结构不仅是重要的，而且常常是整个问题的关键。而 X 射线衍射就是原子尺度结构观测的主要手段。在这之前，主要是可见光加透镜。透镜起放大作用，把两个透镜结合在一起就组成了显微镜，显微镜上面是目镜，下面是物镜。显微镜是人类观察自然界内在规律强有力的工具，但是显微镜有一个很大的局限，它不能看到 1 微米（μm）或者更小的东西。主要原因是因为它使用可见光，可见光的波长范围是 400 - 700 埃（Å），即 0.4 - 0.7 μm。这里引出一个非常重要的概念：波长。为什么用波长？因为波长实质上是一个长度概念，长度几乎是人类最早作测量的也是最基本的概念。显微镜用的是可见光，可见光是一种电磁波，波长 $\lambda$ = 0.4 - 0.7 μm，1 μm = $10^{-3}$ mm = $10^{-6}$ m。当波长大于或者与观察物体的尺寸差不多时，会发生"绕射"，也就是衍射，比它小的东西就看不到了。而原子尺度是 1 Å，即 0.1 nm，或 $10^{-10}$ m，相差一万倍，所以显微镜到了一定程度就不能使用了。可以用显微镜看到细胞、红血球等等，但再小一点，单个的蛋白、DNA、原子等是看不到的。

人类其实很早就认识到了这一点，至少在两百多年前就意识到了，接下来做的事情就是用别的方法去观察。首先它的波长必须要短，为什么要用波呢？不用波也可以，可以间接的观察，如差热分析等等，得到的是一些物理性质的变化，不是结构。要看结构，"眼见为实"，只能用波，因为眼睛就像个照相机，视网膜是底片，角膜是透镜，真正起作用的媒介就是光波。光是一种电磁波，所有的电磁波都有一个最大的特征就是波长，波长决定了一切。但是光波并不是小于它的波长就不行了，可以使用一些间接的办法，包括 confocal, scanning 等等。用这些方法观察的微观物体还是使用的可见光，但用了各种各样的"计谋"，不是物理规律的打破，没有真正的解决了"绕射"的问题。这种间接办法可以观察到小两个数量级的物体，同时会带来其他的问题，但仍然不能观察到原子。

原子尺度的观察，可见光不行，就要往更短的波长走。波长比可见光短一些的是紫外，波长再短就到了 X 光。但眼睛看不见，所以需要有一些转换器（这里就有半导体器件的实际应用）。另外，电子也可被当成波来成像，这就是电子显微镜，其中扫描电镜（SEM）最早从 30 年代开始。但 SEM 的分辨率约 10 nm，即一百个原子的尺度。环境 SEM 的分辨率约 100 nm。所以 SEM 仍不能观察到原子。直到 50 年代人类第一次发现用透射电镜（TEM）可以看到原了。扫描是打在样品表面，收集散射的电子，重新组织形成图像。透射是直接把电子束透过样品，在下面放一个屏幕，电子打在屏幕上看透射波。透射电镜出现后，人类第一次把观察的极限推到了原子尺度。一些常规的、稳定的物质可以观察它的原子结构，如：Au、Si、石墨，透射电镜的分辨率可达原子尺寸的几分之一。

但用透射电镜来解蛋白质的结构时会碰到很大的问题。因为在透射电镜中，使用的波是电子束。这就带来两个问题：第一，要求抽真空，因为电子束不能在空气中行进。与电子在导体中流动是两回事，电子就像其它基本粒子，要穿过空间到达样品，中间不能有任何空气分子。因为空气分子的密度是非常高的，每隔几个纳米就会碰到下一个空气分子，电子很快就消失了。所以透射电镜一定要真空。但真空的话，所有有生命的东西就不能测试了。第二个问题更严重：电子是有质量的。之前说的波是光子，光子是电磁场的振动。麦克斯韦方程告诉我们，电场的振荡引起磁场，磁场的振荡引起电场，电场和磁场互相垂直向前传播，这就是光子。光子是没有质量的，没有电荷，可以在没有任何物质的空间传播；而电子的波是德布罗意波。按照爱因斯坦质能关系式，它的"静止"能量非常大（$E = mc^2$）。有质量且带有电荷的电子对样品的损害极其大。"软"的物质放在电子显微镜里面，会发现它不断在变，甚至被"化掉"。当然还需要有导电层，否则电子会堆积，样品就会"炸了"，因为每个电子都带负电，互相排斥。

与光学显微镜类似，电子显微镜使用电子束，利用线圈产生的磁场对电子束偏转，即折射，这就等于透镜。透镜最主要的作用就是折射（图2）。入射光进入第一个界面的时候发生折射，第二个界面的时候也会折射。平行光入射时,通过透镜后折射,并汇聚到焦平面上,这就是光线的折射。反过来,当发光点在焦平面上,通过透镜折射,会形成平行光。而在电子显微镜 TEM、SEM 中都是靠磁场折射。

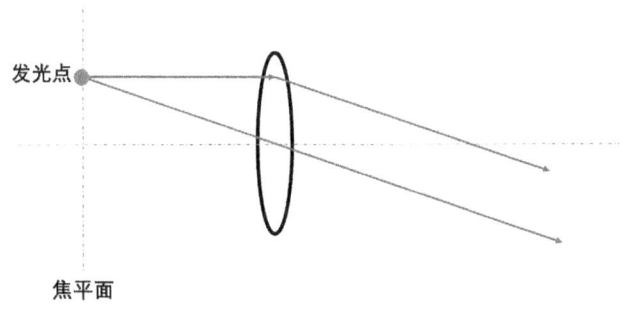

图 2 透镜的折射原理

折射现象的出发点是折射率,折射率服从斯涅耳定律。光射入游泳池中,让人们看到站在游泳池中的脚好像是缩短了,这就是因为折射。水的折射率是 1.33,而玻璃的折射率一般是 1.5。

总之,要"看"微观的东西,波长要短。虽然电子束可以满足这一点,但电子束有很严重的问题。最后还是要回到电磁波。光子没有静止质量,用来观察小尺度的样品时,对样品损害不大。所以要找到一个很短波长的光,波长和原子尺度相近,没有静止质量和电荷,这就是 X 光。

## 2.1 X 光没有透镜

X 光符合以上所有的要求,根据 X 光产生的机制,波长范围一般是 0.01 - 1 nm。X 光和现代科学的发展几乎是同步进行的。1901 年颁发的第一个诺贝尔物理奖就给了发现 X 光的伦琴,他用"电子"管做实验,偶然间发现了 X 光。把胶片包在黑纸里面,发现胶片被曝光,与之前发现的放射性元素的曝光不同。之后,伦琴夫人将手放在封闭胶片的盒子上,还没有经过曝光,手就被投影在胶片上了。更奇怪的是照片显示的不是手,而是手里的骨头。这是人类第一次使用 X 光透射,为此伦琴得了 1901 年人类有史以来第一届诺贝尔物理奖。所以 X 光和现代科学的起始点几乎重合，更重要的是，过去一百多年来，对于 X 光的方方面面已经颁发了十多次诺贝尔奖，其中包括在伦琴发现 X 光后，劳厄发现 X 光可以让晶体出现散射的光点。晶体的 X 光散射是一个个点。劳厄的发现被人从数学上加以总结，即最早的 X 光衍射（XRD）的理论，也就是布拉格方程，布拉格父子共同得诺贝尔物理奖。小布拉格也是目前为止最年轻的诺贝尔科学奖的获得者。当年的小布拉格，在 50 年代又领导了剑桥的分子生物实验室，就是目前大家经常说的诺贝尔奖的摇篮。从 50 年代成立到现在已经获得了近 30 个诺贝尔奖，包括 Watson 和 Crick 用 XRD 的结果，发现的 DNA 双螺旋结构。他们两个人的第一篇文章也是由当年的小布拉格推荐给 Nature。

X 光既然如此伟大，那就赶紧用来直接观察原子结构吧。但是发现不行，为什么不行呢？显微镜除了要用光之外，还需要有透镜。透镜要求有折射率，折射率至少不等于 1。但是很可惜，对于 X 光，所有的材料，不管是液体、气体、固体，它的折射率都等于 1，也就是说，X 光没有透镜！这是最大的问题。这几乎是一个很有意思的悖论。虽然人类经过了几千年，从古希腊开始就谈原则，或者说是一种科学的思辨。到中世纪之后，开始利用分析的方法实验。通过这一条漫长的路走到了 19 世纪末，发现了 X 光，居然碰到了一堵高墙—— X 光没有显微镜，连 X 光的放大镜都做不出来。为什么呢？这不是一个材料问题，而是一个物理问题。物理学告诉我们折射率的根本，是光速度减慢。为什么光速会减慢呢？光进入介质后发生了散射，散射波与入射波叠加在一起，导致光看起来速度减慢了。

我们知道，光的波长 $\lambda = cf$，即光速与频率相乘。为什么是速度减慢而不是频率减慢？这是因为，对于一个循环的、周期的电磁场，其中电场和磁场交替进行，它们随时间做正弦变化，来回循环，频率是不能变的，（注：不考虑相对论的环境）。所以，频率不变的情况下，如果有折射，速度就要改变。而速度改变，波长也会改变。回到 X 光，折射率的本质是所有的原子在介质中，受到外界光的激发发生振荡，振荡后发出的散射波，即次波，和主波叠加在一起。可见光的频率是 $10^{15} - 10^{16}$ Hz，X 光的频率

约 $10^{18}$ - $10^{20}$ Hz。可见光的振动频率与价电子跃迁相关，价电子的跃迁频率就是可见光。频率再高一千倍、一万倍的话，价电子来不及振荡。振荡是产生次波的原因，这可从麦克斯韦方程得知：加速运动的电荷会发射电磁波。也就是说 X 光不足以让介质中的物质发生很强烈的振荡，以至于没有强烈的次波可以和主波叠加在一起，让整个光速慢下来。所以，X 光对所有的材料来说，折射率几乎等于 1。

因此，尽管 X 光波长很短，但 X 光没有透镜，还是不能让我们看见原子尺度的东西。但我们知道 X 光对晶体有衍射（diffraction）。衍射是一种有规律的散射，可以散射出一些花样来，但它的本质还是散射。所以 X 光打到样品上时，样品内的电子还是会有些振荡，按照麦克斯韦方程，产生新的电磁波。但这个散射的强度不是那么强，不能够像可见光在物质中传播一样，使光速减慢，折射率发生变化。如果我们能够利用这种 X 光的衍射，就可从中获得结构的信息。

## 2.2 波的传播及表示

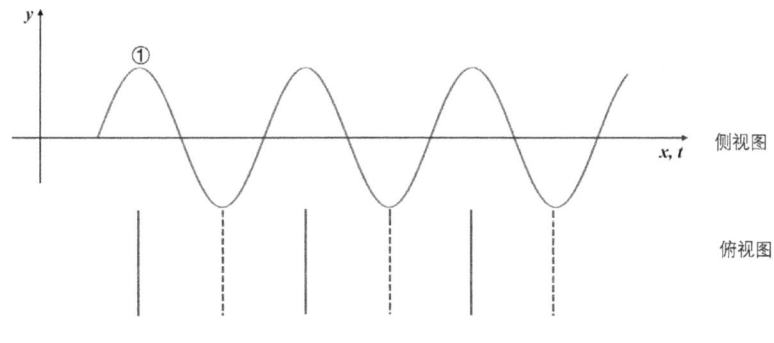

图 3 水波示意图

X 光怎样通过衍射得到物质的结构呢？X 光的本质是电磁波，我们首先回顾一下波的知识。以水波为例，它的侧面图和俯视图如图 3 所示。俯视图中实线表示波峰，虚线表示波谷。当水波向右传播时，如果观察一个波峰，如图 3 中①，该峰会随时间向右移动，向右传播，即移动的方向是波的传播方向；但如果盯住空间中某一个位置，会发现这一点的水面在做上下震荡。怎样描述这些现象呢？描述的方法有很多种，但曲线的形状提醒我们使用正弦或余弦函数，该函数里包含两个基本的变量，一个是空间（$x$），一个是时间（$t$）。但余弦函数的自变量不能直接等于空间（$x$）或时间（$t$），它们前面必须要乘一个常数。因为余弦函数里面的变量必须是一个无量纲数，空间变量 $x$ 前乘 $k$，时间变量 $t$ 前乘 $\omega$，余弦函数就变成 $y = \cos(kx - \omega t)$。首先，考虑空间问题，在时间固定的情况下（假设时间 $t = 0$），余弦函数变为 $y = \cos(kx)$。随着 $x$ 的增长，当 $x$ 变化范围是 $0 \to \lambda$ 时，余弦函数变化一个周期，即 $kx = 2\pi = k\lambda$，所以波数 $k = \frac{2\pi}{\lambda}$。其次，考虑时间问题，在空间固定的情况下（假设 $x = 0$），余弦函数变为 $y = \cos(\omega t)$，随着 $t$ 的增长，当 $t$ 变化范围是 $0 \to T(1/f)$ 时，余弦函数变化一个周期，即 $\omega t = 2\pi = \omega T$，或 $\omega = \frac{2\pi}{T} = 2\pi f$。所以，在物理上 $\omega$ 被称为角频率。接下来考虑 $kx$ 与 $\omega t$ 的关系，当观察点定在波峰的时候，余弦函数等于 1，余弦函数的自变量等于 $2\pi$ 的整数倍。假如是 $2\pi$ 的零倍，即等于 0。由于波向右传播，随着 $x$ 的增长，$t$ 也增长，两者相减必须一直等于 0（$kx - \omega t = 0$），于是，波速 $v \equiv \frac{x}{t} = \frac{\omega}{k}$。

## 2.3 波的叠加

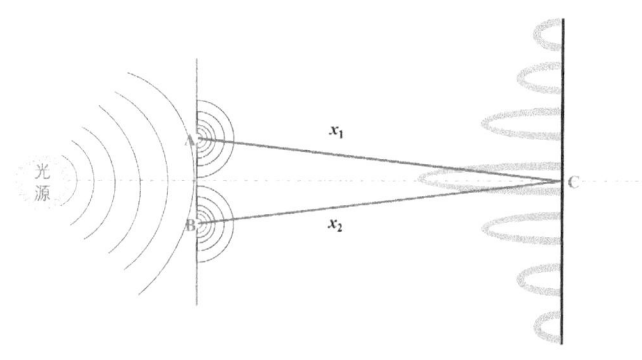

图 4 杨氏双缝干涉俯视图

如果有两个波传播到了一起会怎样呢？两个波的叠加可以通过杨氏双缝干涉来分析（图 4）。根据惠更斯原理，两个缝 A、B 处发射子波。

两个子波如何叠加呢？由于两个子波的 ω 相同，只考虑同一个瞬间，所以可以忽略 ωt 项，写成 $y = \cos(kx_1) + \cos(kx_2) = 2\cos(k\frac{x_1-x_2}{2})\cos(k\frac{x_1+x_2}{2})$。其中 $\cos(k\frac{x_1-x_2}{2})$ 表示在屏幕的中间 C 点，$x_1 = x_2$，强度极大。当 $k\frac{x_1-x_2}{2} = n\pi$ 时，又是极大。当 $k\frac{x_1-x_2}{2} = \frac{(2n+1)\pi}{2}$ 时，强度等于 0。这就是双缝干涉。

## 2.4 X 光的叠加

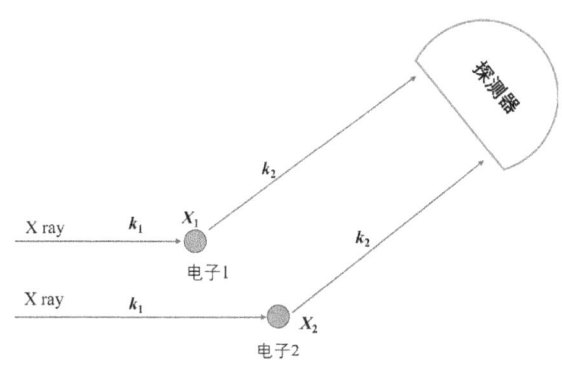

图 5 X 光叠加原理

如上所述，X 光的波长正好适合观察原子尺度的结构，但是没有透镜。于是只能用衍射的办法。具体怎么做呢？与上述波的叠加类似，我们使用 X 光照射样品，但为了简化，先只考虑样品中两个原子中的电子，用电子来代表其所属原子的位置，如图 5。对 X 光来说，只需考虑电子。X 光入射到电子上，电子受电场作用来回振荡。虽然振动的幅度非常小，但频率和入射光相同。根据麦克斯韦方程[II]，带电的粒子在电场的作用下跟着一起振动，这个振动是加速运动，振动的粒子会发射电磁波，这就是散射。在 X 光非入射的方向探测这些散射光（入射方向称为 forward 方向）。入射 X 光宽度一般是 1 mm 内，尽管入射光的宽度很小，但是相对原子尺度，X 光的宽度相当大。所以，入射 X 光相对于电子可看作是平面波。即入射

---

[II] 麦克斯韦方程和量子力学、牛顿力学构成现代所有科学最基本的基石，无论什么时候都能够联系到这三个基石，研究的内容才真正建立在物理科学的基础上。

是平面波，而电子散射是球面波[III]。两个电子的散射是球面波，但是探测位置相对于电子又是相当的远，故探测器处也可近似为平面波。两个电子发出散射波的频率和波长，都与入射波相同，因为光子的能量$E = \frac{hc}{\lambda} = hf$（$h$是 Plank 常数），也即光子能量和频率有关。频率不变，能量不变，动量不变，所以波长也不变[IV]。

接下来考虑位相。位相就是余弦函数的自变量，也即括号内的 $kx - \omega t$。因为我们研究的内容是原子的空间位置（结构），不是原子在空间中移动的问题，后者是动力学问题。在同一瞬间，可以忽略 $\omega t$。所以只需要考虑空间关系，即 $kx$。首先考虑入射受激位相，不同电子位置不同，$X$ 不同，$kX$ 不同，于是位相不同。$kX_1$ 与 $kX_2$ 不同，即两个电子开始振动的位相是不同的，或两个电子产生的散射波（次波）的起始点是不一样的。就像跳绳一样，对第一个人来说，绳子到了最高处准备跳进去，而第二个人的绳子还处于半空中，还需要等一等，所以他们的起跳不一致。因此，两个电子受激发的起点（位相）是不同的，对于电子 1 位相是 $k_1X_1$，电子 2 位相是 $k_1X_2$。接下来考虑电子发射次波至探测器处的位相 $k_2X$，每个电子到探测器的距离不同，所以 $k_2X$ 不同。因此，位相由两部分组成：入射受激位相和散射波到探测器的位相。

为了便于余弦函数的叠加，我们使用复数来表达：$\cos(kx - \omega t) = \text{Re}\{e^{i(kx - \omega t)}\}$，这是因为，有欧拉公式 $e^{i(kx - \omega t)} = \cos(kx - \omega t) + i\sin(kx - \omega t)$。复数的加减乘除还是复数，最后取实部即可。因此，所有电子的次波函数写成 $e^{i(kx - \omega t)} = e^{-i(\omega t)} * e^{i(kx)}$，并且可以暂时忘掉 $e^{-i(\omega t)}$，只需要考虑 $e^{i(kx)}$ 项。第一个电子的入射受激散射是 $e^{i(k_1X_1)}$，散射波到探测器的位相引起的波函数是 $e^{i(k_2X_1)}$。因为 $k_1$ 和 $k_2$ 的方向不一样，且 $k_2$ 的方向可以随着探测器的位置改变。实际上，探测时，$k_2$ 在半球面上是连续可变的。所以引入矢量，建立空间坐标，得到 $\mathbf{k_1}$，$\mathbf{k_2}$，$\mathbf{X_1}$，$\mathbf{X_2}$……。此时，电子 1 的入射受激位相是 $\mathbf{k_1 \cdot X_1}$，物理意义是 $\mathbf{X_1}$ 在 $\mathbf{k_1}$ 方向的投影，再数字相乘；电子 1 的散射波到

---

[III] 严格意义上说，散射不是球面波，是偶极辐射，但是样品中有很多电子，振动的方向也不是同一个方向，不是完全极化（同步辐射除外），所以这里暂且近似为球面波。
[IV] X 光还是可以改变能量的，比如康普顿-吴有训散射，即非弹性散射。

探测器的位相$k_2 \cdot X_1$，物理意义是$X_1$在$k_2$方向的投影，再数字相乘。其中$k_1$，$k_2$均是三维空间矢量，$k_1$是入射 X 光的方向，$k_2$是探测器探测的方向，$X_1$是电子 1 的空间坐标，即原子的位置。电子 1 的位相包含了$k_1 \cdot X_1$和$k_2 \cdot X_1$。一般来讲，把$k_1$的方向作为正方向，即入射线方向作为正方向。假设坐标系原点在电子 1 的左边，对于电子 1 的位置$X_1$，$X_1$越往右，$k_1 \cdot X_1$越大，$k_2 \cdot X_1$越小，所以两个位相相加的结果是$k_1 \cdot X_1 - k_2 \cdot X_1$。即总位相为$k_1 \cdot X_1 - k_2 \cdot X_1$，导致次波函数$e^{i(k_1 \cdot X_1 - k_2 \cdot X_1)} = e^{i(k_1 - k_2) \cdot X_1}$。电子 2 对应的次波函数$e^{i(k_1 - k_2) \cdot X_2}$，所以总的散射（衍射）应为：

$$\text{总散射} = \text{电子 1} + \text{电子 2} + \cdots$$

$$\propto e^{i(k_1 - k_2) \cdot X_1} + e^{i(k_1 - k_2) \cdot X_2} + \cdots$$

$$= \sum_j e^{i(k_1 - k_2) \cdot X_j} \qquad (1)$$

其中，$k_1$的方向是入射 X 光的方向，$k_2$的方向是探测的方向，大小$|k_1| = |k_2| = \frac{2\pi}{\lambda}$，所以$k_1 - k_2$是已知量。而总散射信号是可以测量得知，但$X_j$是未知的，也就是我们想通过这个测量反过来探知的。

接下来的事情，就变得很有趣了。

**思考题：**$X_j$是未知的，是电子的位置（position），也就是大家想得到的结构信息。探测得到的是，不同角度、不同方向（$k_2$）的散射信号（direction）。所以，方程(1)把位置的信息换成了方向的信息，这样做的意义是什么？

# 第三章 编码：X光衍射的基础

## 3.1 位置变成方向信息的深远意义（第二章思考题的回答）

首先要说明这个问题是没有标准答案的，仁者见仁，智者见智。这有点类似于在山脚下看不到山顶的东西。就像在楼下看不到楼上发生了什么，但是站在楼上就可以看到下一层的东西。所以再次提醒大家：人类观察微观世界，或者说结构，是贯穿整个科学研究的最重要的部分。而结构用什么来探测？透镜、电子显微镜。但电子显微镜和光学显微镜没有差别，无非是玻璃的透镜换成了电磁线圈，可见光换成了电子的德布罗意波，但与此同时带来了很多致命的缺陷。所以从这个角度讲，当我们看到位置可以转变成方向的信息，并用来观察结构，我们发现不需要透镜了！同时，我们清楚地意识到这种方法没有任何频率、折射率等限制，是一种新的方法。这令人有一种从山顶上看下去的感觉。

此时，大家可能有疑问，方向会不会太"挤"？这个可以通过距离解决。原则上说，方向的精度可以无限的提高，距离很远很远时，百万分之一度都可以。同时，另一个重大意义就有了：位置可以无限小。原来使用光学显微镜的时，不能无限小，就算不讨论波长，透镜的焦距 $f$ 要无限小，怎么做？透镜到了一定的精度就做不了了。但这个新方法，正因为不需要透镜，位置可以无限的小。理论上位置可以小到原子内部核子的距离，还可以更小，一直小下去。之前的观察都是建立在"镜"的基础上，不管是玻璃透镜，还是电磁线圈，都是人工造出来的。人工造出来的就有极限，不能太小。人工造出来的精度到哪一步，实物的精度就到哪一步。此外，还要受到原子尺度的限制。但位置信息变成了方向信息，从数学角度讲没有任何限制，可以一直小下去。因为波长可以一直短下去，如宇宙射线，产生的光子波长可以更小。最后通过上述散射的办法，把它变成方向。所以我们跨出了重要的一步。

这里要说明，这种衍射方法用其它波，包括中子、电子等等都可以使用。也就是说，电子在电子显微镜里面也不一定要靠透镜成像，也可以使用这种方法。事实上，目前的高倍电子显微镜，有些场合下，不是直接对样品透射成像，而往往要去做一些衍射、能谱加衍射等等。总而言之，衍射本质上是一种散射，至少是每个个体的散射。之前推导的方程(1)是非常简化的，故意省略了很多东西，但是这样做是非常必要的。就是要由厚到薄，把最重要的东西留下来，便于我们讨论。再回顾一下，这种方法的重大意义有两个：第一，不需要透镜；第二，在此基础上反过来发现，之前的人工限制被取消了，即理论上分辨率是无穷小[V]。

## 3.2 编码和傅里叶变换

在这个新方法中，虽然把位置变成了方向，但，不是直接把每个原子的位置信息变成了一个方向信息。它有一个编码过程，方程(1)是通过求和，把所有位置信息都编在一起了。为了进一步分析这个编码，我们先讲一个最简单的编码的例子。

例：有三个数字，一个是银行卡号 X1，一个是银行卡密码 X2，还有一个是身份证号 X3，若你要把这三个数字用电话传给家人，为安全起见，可以告诉家人，通话时，所读的第一个号码 Y1 是 X1+X2+X3，第二个号码 Y2 是 X2+X3，第三个号码 Y3 是 X1+X3，这样就有了编码过程。编码矩阵 $A = \begin{bmatrix} 1 & 1 & 1 \\ 0 & 1 & 1 \\ 1 & 0 & 1 \end{bmatrix}$，家人得到的是向量 $Y = \begin{pmatrix} Y1 \\ Y2 \\ Y3 \end{pmatrix}$。从数学角度讲，解码很简单，就是求编码矩阵的逆矩阵，$X = A^{-1}Y = \begin{pmatrix} X1 \\ X2 \\ X3 \end{pmatrix} = \begin{bmatrix} 1 & 1 & 1 \\ 0 & 1 & 1 \\ 1 & 0 & 1 \end{bmatrix}^{-1} \begin{pmatrix} Y1 \\ Y2 \\ Y3 \end{pmatrix}$。只要是线性无关的，即行列式 $|A| \neq 0$，一定有解。解码是唯一的，不会把号码搞混了。

---

[V] 严格来讲，空间位置是三维的，而方向只有二维。但可以由改变波长（λ）而获得第三个维度。

方程(1)中，总的散射信号 $\propto \sum_j e^{i(k_1 - k_2) \cdot X_j}$，就是编码的过程，实际上也是傅里叶变换。它的编码矩阵是傅里叶变换的"核"。这个"核"不但可逆，而且与"逆"是一样的（即"逆矩阵"="共轭转置矩阵"）。因此，这种矩阵处理起来非常简单。不仅如此，所有的数学变换，用在工程、电子、物理等领域都应该是可逆的。从这可以看到，得到的信息不是具体的位置坐标本身，每个方向上得到的信息都是所有位置信息的混合，但一定是线性无关的。这种编码我们经常在用，非常熟悉，并且是自动完成的。比如：光学上常用的位置变成方向的编码——透镜（图 2）。变换前在左焦平面的位置，发出的光，通过透镜变成平行光。如果左焦平面上每一点经过透镜后变成不同的方向，我们只用一个透镜就完成了相同的编码过程。所以从位置变成方向不是一个特别了不得的事情，而是可以做到的事情。但是，在这个例子中，如果要把很小的位置，变成方向信息，焦平面就得靠近透镜，会受到尺寸的限制。否则，因为焦距不变，所有的位置信息都将集中在一个方向，没有办法散开。且不说还有波长的问题。通过这个例子，让我们更加了解编码过程的意义非常重大，所有衍射的根本都是这种编码过程（方程(1)），只是方程的前面会有很多不同的附加常数。

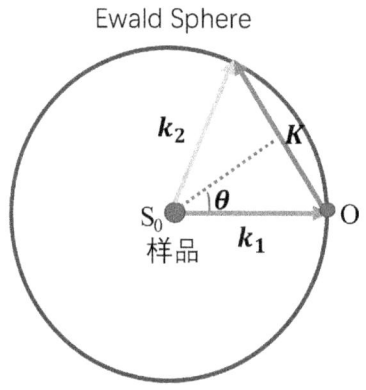

图 6 Ewald 球示意图

衍射实验时，入射波的$k_1$通常是固定在水平方向，如图6，大小是$\frac{2\pi}{\lambda}$。探测的方向是$k_2$，大小也是$\frac{2\pi}{\lambda}$，$|k_1|=|k_2|$。探测器移动后，$k_1$和$k_2$的夹角可以从0°到180°，探测器的轨迹就是一个球面，即Ewald球面。注意：这些与空间频率、晶体等没有任何关系，是从普遍意义上的考虑。样品在Ewald球面的哪里呢？在球心。球的半径$r=\frac{2\pi}{\lambda}$，（也有只用$\frac{1}{\lambda}$的，这是为了方便，大家约定好，统一除以$2\pi$。）同时，方程(1)是$(k_2-k_1)$的函数，定义$k_2-k_1\equiv K$（图6），$K$的起点在O点，终点在$k_2$的终点处，所以方程(1)可以写为：

总散射 $\equiv \mathcal{F}(\rho)$

$$\propto e^{i(k_1-k_2)\cdot X_1}+e^{i(k_1-k_2)\cdot X_2}+\ldots$$

$$=\sum_j e^{i(k_1-k_2)\cdot X_j}$$

$$=\sum_j e^{-iK\cdot X_j} \tag{2}$$

$$=\sum_j \rho(X_j)e^{-iK\cdot X_j}=\int_X \rho(X)e^{-iK\cdot X} \tag{3}$$

左边是$K$的函数，$|K|$的值，最大是$2|k_1|$，最小是0。但是入射波长$\lambda$可以改变，所以最大是$2|k_1|=\frac{4\pi}{\lambda}$，即与波长成反比。实际上，所有的X光仪器都备有铜靶和钼靶，$\lambda_{Cu}\approx 1.54$ Å，$\lambda_{Mo}=0.707$ Å，波长差了两倍，两种靶可以切换，所以实验室至少有两种波长，也就是有两种$K$的范围。

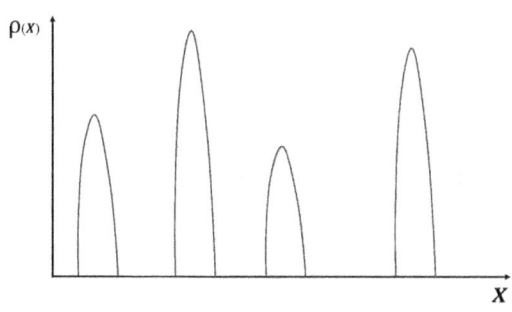

图7 $\rho(X)$函数示意图

求和代表对每一个有电子的地方进行求和。但是一个原子有很多电子，如镓原子 Ga, $Z = 31$，积分时就不单单是对一个电子积分，而是要乘以31；砷原子 As, $Z = 33$，就要乘以33。总之，方程(2)前面可以乘以原子所含电子的数目，求和由对每个电子的求和变成对每个原子求和。再进一步，在求和时乘以一个密度函数$\rho(\mathbf{X}_j)$（方程(3)，图7）。$\rho(\mathbf{X}_j)$表示电子的密度函数或者原子的密度函数，有电子时$\rho(\mathbf{X}_j) = 1$，没有电子$\rho(\mathbf{X}_j) = 0$。这个求和也可以写成积分，对$\mathbf{X}$积分。这个积分是三维积分，变成方程(4)。方程省略了$d\mathbf{X}$。一整块被 X 光照射的样品，里面有多少原子，就对多少原子求和或空间积分，即$\rho(\mathbf{X})$代表被X光照射样品的空间中，有原子的地方，有多少个电子，$\rho(\mathbf{X})$ = 电子数，没有原子的地方$\rho(\mathbf{X}) = 0$。当然，有原子和没有原子的地方并不是绝对的，电子云是有分布的。如果是三维无限的晶体，$\rho(\mathbf{X})$是中间分立的点。如果是玻璃，$\rho(\mathbf{X})$有些地方有值，有些没有，而且是杂乱无章的。

方程(4)积分的结果是$\mathbf{K}$的函数，其实就是$\rho$的傅里叶变换。傅里叶变换的意思是，把任何一个东西（如电子分布函数）乘以$e^{-i\mathbf{K}\cdot\mathbf{X}}$然后对全空间积分。注意：方程(4)省略了$2\pi$因子等。再次强调，在方程(4)中，$\mathbf{X}$是位置的信息。通过傅里叶变换，变成$F(\mathbf{K})$，是方向的信息。注意$\mathbf{K} = \mathbf{k}_2 - \mathbf{k}_1$，不是入射或者探测器的方向，而是探测和入射方向之差。

## 3.3 傅里叶变换的特性及有用的公式

$$F(\mathbf{K}) = \int_{\mathbf{X}} \rho(\mathbf{X}) e^{-i\mathbf{K}\cdot\mathbf{X}} d\mathbf{X} \equiv \mathcal{F}(\rho) \tag{4}$$

$$\rho(\mathbf{X}) = \int_{\mathbf{K}} F(\mathbf{K}) e^{i\mathbf{K}\cdot\mathbf{X}} d\mathbf{K} \tag{5}$$

$$\int_X e^{-i\boldsymbol{K}\cdot\boldsymbol{X}} e^{-i\boldsymbol{K}'\cdot\boldsymbol{X}} d\boldsymbol{X} = \delta(\boldsymbol{K}-\boldsymbol{K}') \qquad (6)^{\text{VI}}$$

$$\int_K \delta(\boldsymbol{K}-\boldsymbol{K}') F(\boldsymbol{K}') d\boldsymbol{K}' = F(\boldsymbol{K}) \qquad (7)$$

傅里叶变换有两个特性，第一个特性是傅里叶变换与其反变换几乎是一模一样的，方程(4)和方程(5)互为正反变换，只是相差一个负号，所以正反变换完全一样，或者说完全对称。注意：方程(4)、(5)省略了$2\pi$因子等等。$\boldsymbol{K}$和$\boldsymbol{X}$是有具体的物理意义的，$\boldsymbol{X}$是位置信息，$\boldsymbol{K}$是方向。但在傅里叶变换中$\boldsymbol{K}$和$\boldsymbol{X}$完全对称，$e^{-i\boldsymbol{K}\cdot\boldsymbol{X}}$和$e^{i\boldsymbol{K}\cdot\boldsymbol{X}}$，即编码矩阵和逆矩阵是一模一样的，这就是为什么傅里叶变换用途那么广泛。第二个特性是$AA^{-1}=1$，正矩阵乘以它的逆矩阵是单位矩阵，所以正"核"乘以反"核"再积分是单位矩阵，即方程(6)（方程省略$(2\pi)^3$因子等）。$e^{i\boldsymbol{K}\cdot\boldsymbol{X}}$是无穷矩阵，$\delta(\boldsymbol{K}-\boldsymbol{K}')$是三维"脉冲"函数，$\delta(\boldsymbol{K}-\boldsymbol{K}')$函数具有方程(7)的性质。

## 3.4 位相问题（phase problem）

我们之前讨论过：原子位置求和变成方向信息，就等于傅里叶变换。之后傅里叶反变换就可以得到原子位置信息，不局限于任何晶体和尺寸，是一种具有普遍意义的方法。然而存在位相问题（phase problem）。phase problem 出现的结果是，前面所介绍的一切要作重大修正。从原则上讲，方程(1-3)得到的"总散射"就是方程(4)中的$F(\boldsymbol{K})$，也就是$\boldsymbol{K}$的空间信息。然后傅里叶反变换可以得到$\rho(\boldsymbol{X})$，电子或者原子位置信息。但是，方程(4)左边是复数$F(\boldsymbol{K})$。而实际测量得到的不是$F(\boldsymbol{K})$，而是$|F(\boldsymbol{K})|^2$。

应该这么说，phase problem 在科学领域是个巨大的挑战。到目前为止，为了解决 phase problem 已经给了好几个诺贝尔奖，相比之下，艾滋病的发现也只给了一个诺贝尔奖。phase problem 就是，测得的不是$F(\boldsymbol{K})$，而是

---

[VI] 补充说明：$e^{i\boldsymbol{X}(\boldsymbol{K}-\boldsymbol{K}')}$的积分可以这样理解，当$\boldsymbol{K}-\boldsymbol{K}'\neq 0$时，当所有的$\boldsymbol{X}$都取遍了，相当于在单位圆周上各个点都取了，单位圆上所有复数相加等于 0；当$\boldsymbol{K}-\boldsymbol{K}'=0$时，$e^{i\boldsymbol{X}(\boldsymbol{K}-\boldsymbol{K}')}=1$。积分时，无穷多个 1 相加，等于无穷大，就成了 $\delta$ 函数。

$|F(\boldsymbol{K})|^2$，复数$F(\boldsymbol{K})$变成了实数$|F(\boldsymbol{K})|^2$。复数变成实数至少掉了一半的信息。此时，数学家会提出使用柯西定理，从一个解析函数的实部推出虚部。但柯西定理使用的前提条件是没有奇点，而这里的$\rho(\boldsymbol{X})$到处有奇点。对一晶体来说，原子和原子之间有空隙，或是不连续的，所以不能使用柯西定理。随着复数变成实数，不但是失去了位相信息，严格来说是失去了一半的信息。

为什么测量得到的是$|F(\boldsymbol{K})|^2$呢？这需要回到物理的最基础部分。麦克斯韦方程是讲述磁场$\boldsymbol{B}$与电场$\boldsymbol{E}$的线性关系，电场是电荷$e$产生的，电场产生电势$\varphi$，都是场的线性关系。牛顿与麦克斯韦方程的桥梁是洛伦兹力，力$\boldsymbol{F}$与场之间仍是线性关系。而这里测试得到的是$|F(\boldsymbol{K})|^2$，平方是来自哪里呢？能量。能量用高斯单位表示的话就是$w = \frac{1}{2}(|\boldsymbol{E}|^2 + |\boldsymbol{B}|^2)$。因为力$\boldsymbol{F}$需要对距离$\boldsymbol{S}$积分才能得到能量，所以，能量是平方项。回到测试问题，$F(\boldsymbol{K})$是散射得到的信息，而散射是电子受到入射 X 光电场激发，振荡，发射的电磁波，电磁波遵循麦克斯韦方程。所以，$F(\boldsymbol{K})$的实质就是电场$\boldsymbol{E}$，而接收的$|F(\boldsymbol{K})|^2$是能量，不是电场$\boldsymbol{E}$或$F(\boldsymbol{K})$。为什么不直接接收电场$F(\boldsymbol{K})$呢？有些情况下，可以直接接收电场，例如手机打电话时，其天线接收到的就是电场本身，但仅限于频率比较低的电场。频率高的电场就无法接收，因为没有任何材料跟得上 X 光振动的频率，原理与 X 光没有透镜相同。同样的理由造不出透镜，也同样的理由不能接收电场[VII]。所以 phase problem 简单来说，测试得到的不是振幅，而是强度。或者说，测试得到的不是电场，而是能量。phase problem 是不可能有普遍意义上的解答[VIII]。

## 3.5 建立模型拟合

---

[VII] 这里实际测试得到的还不是$|F(\boldsymbol{K})|^2$的峰值，而是均方根值，就像交流电测试电压得到的积分平均，即均方根值。

[VIII] 补充说明两点：一、X 光是可以有"透镜"的，这个"透镜"和光学上的透镜完全不一样，它的原理是衍射，像光栅一样进行汇聚。菲涅尔透镜，中心汇聚点的尺寸，取决于菲涅尔透镜最外圈的宽度，即光刻的最小尺寸。二、phase problem 也涉及到更深远的问题，比如：光子是粒子还是波，光子的能量$E = hf$，但能量又是电场的平方$|\boldsymbol{E}|^2$；以及量子纠缠问题，量子力学都是波函数，和$F(\boldsymbol{K})$类似，而测量得到的是绝对值得平方，和$|F(\boldsymbol{K})|^2$类似。

这些问题如果出现在可见光，可以用全息等办法解决。但 X 光相干性很小，X 光目前为止连激光器都造不出来。光学激光器的相干长度，据说可以从地球到月球，再从月球返回来还是相干。X 光的相干长度大都在微米数量级以下。同步辐射可以长一些，但是也长不了太多。可以说，与可见光相比，X 光除了波长以外，基本上"一无是处"。许多用可见光可以做的事情，X 光一样都不行。但是，还是要研究下去，因为唯一可以利用的是 X 光，没有可以选择的其他办法。通常对于某个问题，如果没有普遍意义的解，即没有办法正面解，那就建立模型，然后拟合。积累多了的话，也不再需要模型了，建立数据库即可，如粉末样品 X 光衍射，与数据库中三个最强峰比较就可检索。

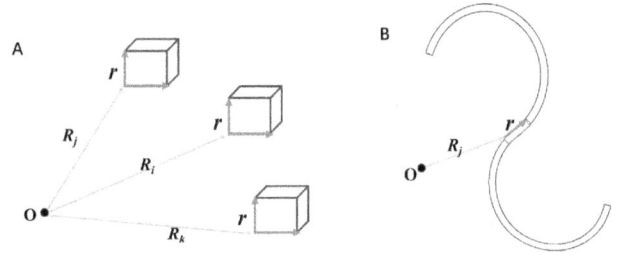

图 8（A）晶体结构拆分示意图，（B）非晶结构拆分示意图。

说到建立模型，当然应该从简单的开始。最简单的就是晶体，因为原子排列是周期的、有规律的。回到原先的求和方程(2)，假如晶体的"原胞"如图 8A，晶体的坐标原点是 O 点，从原点向"原胞"的某一点做向量$R_i$，$R_j$，$R_k$，……。"原胞"的某一点可以随意取，但所有"原胞"该点选取的位置相同，如"原胞"的左下角。然后从"原胞"的左下角出发，测量"原胞"中每个"原子"相对左下角点的位置$r_1$，$r_2$，……。比如解析蛋白分子的结构时，可以把"原胞"视为蛋白分子，$R_j$为原点到蛋白分子的位置，$r_j$为蛋白分子的中心到蛋白的各个部分的矢量，每个部分继续拆分$s_j$等等，一直拆分下去，直到电子。$R_j$表示比较大的结构，$r_j$是大的结构中的小结构，$s_j$是小结构的继续拆分。$r_j$和$s_j$的标号 $j$ 可以省略，因为每个"原胞"内的 $r$ 和 $s$ 是一样的，所以，$X_j$分解成方程(8)，方程(2)写成了方程(9)。

$$X_j = R_j + r_j + s_j + \ldots = R_j + r + s + \ldots \qquad (8)$$

$$F(K) = \sum_j e^{-iK \cdot X_j} = \sum_j e^{-iK \cdot R_j} \cdot \sum_r e^{-iK \cdot r} \cdot \sum_s e^{-iK \cdot s} \ldots \qquad (9)$$

$$|F(K)|^2 = |\sum_j e^{-iK \cdot R_j}|^2 \cdot |\sum_r e^{-iK \cdot r}|^2 \cdot |\sum_s e^{-iK \cdot s}|^2 \ldots \qquad (10)$$

此时，可以发现，只要是有组织的，有构造的，就可以按照这个规则拆分。甚而至于，非晶体也可以拆分。如纳米管，图 8B，将纳米管拆成一段一段的圆柱。拆成两个部分，一个是完全无规的，另一个是圆柱。完全无规的东西进行求和的话，和玻璃的无规类似；但另一个因子——每一段的圆柱，分出的圆柱几乎相同，或大部分相同。甚至，纳米"烟囱"也可以使用这个方法分析。第一个因子，完全无规部分的结果$|\sum_j e^{-iK \cdot R_j}|^2$，如图 9 中的虚线所示；而第二个因子，即"原胞"部分结果$|\sum_r e^{-iK \cdot r}|^2$，如图 9 中的实线所示。一般情况下，从两个因子乘起来后所得到的$|F(K)|^2$中，还可以看得出各自的贡献。

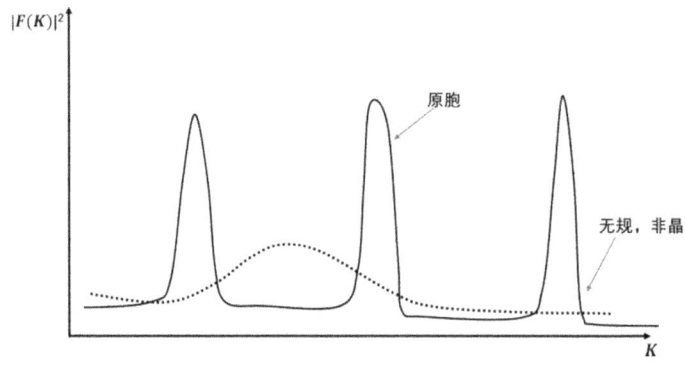

图 9 非晶结构分析

## 3.6 "原胞"对$|F(K)|^2$的贡献,结构因子（Structure Factor）

对任何有组织的样品,都可以按照这个方法进行分解。注意"原胞"的方位(orientation)最好是一致的,否则不能保证$K$空间是一致的。万一不一致也没关系,可以作随机取向,$|F(K)|^2$就变成球对称的,即不再是矢量$K$的函数,而是标量$|K|$的函数。

具体问题具体分析,只要把思想搞清楚了,就可以站的高,看的远。人类历史上用 X 光做出的最重要的例子,就是使用这种方法,建立模型,反过来再拟合。这个例子就是 Watson 和 Crick 发现的 DNA 双螺旋结构。这个例子说明两点,第一,人类每当没有办法的时候就会用反过来的办法,建立模型,倒过来去看;第二,DNA 衍射图完全对称(可从网上找到当时的 XRD 结果图)。是因为$|F(K)|^2$,平方后不仅失去了一半的信息,而且,任何材料,左旋右旋,宇称不对称的东西,X 光照射后,得到的衍射花样都是对称的。也即:位置变成方向后,永远是左右对称和上下对称的。再有,虽然正空间原点是可随意选择的,$K$空间不行,$K$空间是原点固定的。这是由实验决定的,因为存在一个入射线方向(Forward direction)。$K$空间实际上就是 Ewald sphere,这个球面的大小可以通过波长来改变,原则上整个空间都可以罩到。但是,原点在 O 点(图 6),是入射线与 Ewald 球面相交的位置,而不在样品的位置。

$$|F(K)|^2 = |\sum_j e^{-iK \cdot R_j}|^2 \cdot \overbrace{|\sum_r e^{-iK \cdot r}|^2}^{|F|^2} \cdot |\sum_s e^{-iK \cdot s}|^2 \cdots \quad (10)$$

$$= (R) \cdot (r) \cdot (s) \cdots$$
$$\quad\;\, \updownarrow \quad\;\;\, \updownarrow \quad\;\, \updownarrow$$
$$\quad\;\,\text{"晶格"}\;\text{"原胞"}\;\text{原子} \quad\quad\quad (11)$$

结构因子(F,Structure Factor)是指"原胞"里面的各个散射振幅之和。方程(10)可以写成(R)项与(r)项和(s)项的乘积,即方程(11),其中(R)项表示广义的"晶格",可以是晶体也可以是非晶;(r)项表示广义的"原胞";(s)项表示原子;当然还有电子等等。Structure Factor 模的平方($|F|^2$)是中间项,或(r)项,"原胞"的部分$|\sum_r e^{-iK \cdot r}|^2$。$|F|^2$相对简单,因为一个

原胞中原子的个数是有限的。如：每个面心立方含有四个原子，每个体心立方有两个原子，所以$|F|^2$计算很方便。以体心立方为例计算$|F|^2$，体心立方含有两个原子，原子位置是$(0, 0, 0)$和$(\frac{a}{2}, \frac{a}{2}, \frac{a}{2})$，代入$|\sum_r e^{-i\mathbf{K}\cdot\mathbf{r}}|^2$得到方程(12)，$|F|^2$的最大值是 4，最小值是 0，自变量是$K_x, K_y, K_z$。$\mathbf{K_x}$方向 Structure Factor 模的平方如图 10。$\mathbf{K_x}$变化的时候，$|F|^2$也跟着变化，从最大值 4 逐渐变小到 0，然后逐步增大。

$$|F|^2 = |\sum_{1\text{-}2} e^{-i\mathbf{K}\cdot\mathbf{r}}|^2 = |e^{-i\mathbf{K}\cdot\mathbf{0}} + e^{-i\mathbf{K}\cdot(\frac{a}{2}x + \frac{a}{2}y + \frac{a}{2}z)}|^2$$

$$= |1 + e^{-i(K_x\cdot\frac{a}{2} + K_y\cdot\frac{a}{2} + K_z\cdot\frac{a}{2})}|^2$$

$$= \left(1 + e^{-i(K_x\cdot\frac{a}{2} + K_y\cdot\frac{a}{2} + K_z\cdot\frac{a}{2})}\right)\left(1 + e^{i(K_x\cdot\frac{a}{2} + K_y\cdot\frac{a}{2} + K_z\cdot\frac{a}{2})}\right)$$

$$= 4\cos^2(K_x\cdot\frac{a}{4} + K_y\cdot\frac{a}{4} + K_z\cdot\frac{a}{4}) \tag{12}$$

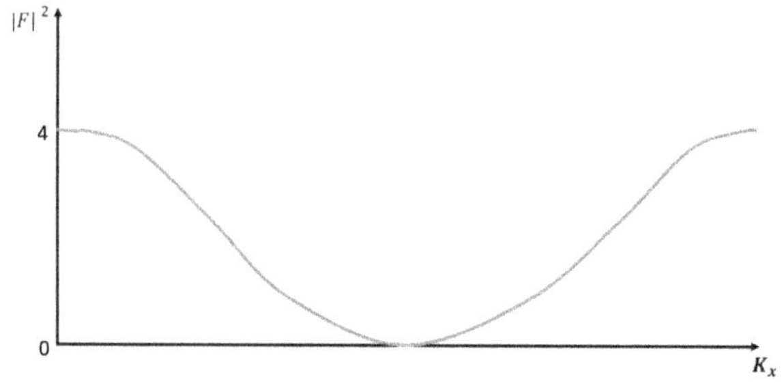

图 10 体心立方晶体$\mathbf{K_x}$方向$|F|^2$示意图

由此可见，晶体衍射峰的相对强度，受到结构因子的调制，因此，可以通过比较各级衍射峰的相对强度，获得原胞内部的结构信息。

## 3.7 原子对$|F(\mathbf{K})|^2$的贡献

接下来分析方程(11)中原子对$|F(\mathbf{K})|^2$的贡献。这是电子云的影响，不再近似成一个点，而是体分布，计算比较复杂。但结果是一个更缓变得曲

线，仍然是从大到小。因为 $K = 0$ 时取得最大，如图 11 中黑色的曲线。曲线随着 $K$ 的增加，逐渐减小，直至很小，平方后就更小了。所以，由于原子项的存在，$K$ 空间的衍射峰不是无线延伸下去的，到了一定的地方就可以忽略不计了。

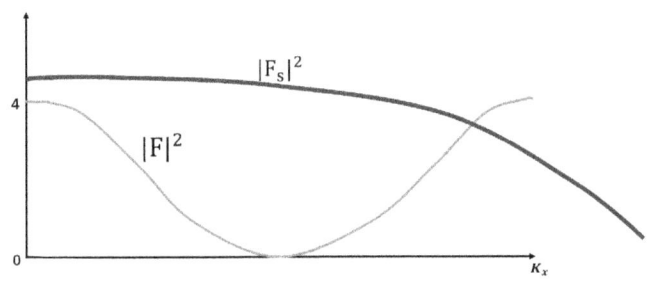

图 11 $K_x$ 方向原子对 $|F(K)|^2$ 的贡献示意图

## 3.8 "晶格"对 $|F(K)|^2$ 的贡献

$$|\sum e^{-iK \cdot R}|^2 = |\sum e^{-iK \cdot (m_x a + m_y b + m_z c)}|^2$$

$$= |\sum e^{-i(K_x m_x a + K_y m_y b + K_z m_z c)}|^2$$

$$(m_x, m_y, m_z \text{ 是整数}) \qquad (13)$$

对照"等比"级数：

$$|\sum e^{-i(K_x m_x a)}|^2 = \left|\frac{1 - e^{-iK_x aN}}{1 - e^{-iK_x a}}\right|^2 = \frac{\sin^2 \frac{K_x aN}{2}}{\sin^2 \frac{K_x a}{2}} \qquad (14)^{\text{IX}}$$

---

[IX] 将 $1 \pm e^{ia}$ 变成余弦或者正弦函数的一种简单办法：乘以 $e^{\frac{-ia}{2}}$，之后看中间是 "+" 还是 "-"，"+" 变成余弦函数，"-" 变成正弦函数，多余的 $e^{\frac{ia}{2}}$ 项不用担心，因为 $|e^{\frac{ia}{2}}|^2 = 1$。

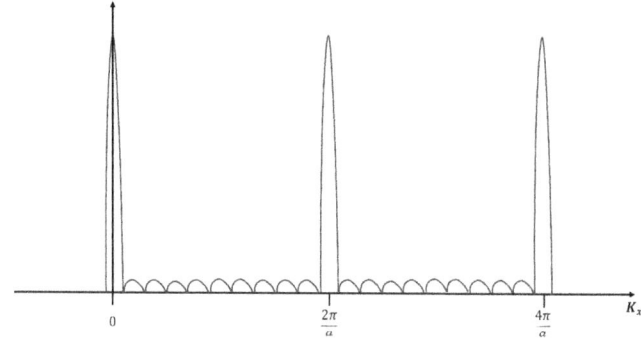

图 12 "晶格"对$|F(\boldsymbol{K})|^2$的贡献

"晶格"对$|F(\boldsymbol{K})|^2$的贡献,就是(R)项。晶格是规则排列的,$\boldsymbol{R} = m_x\boldsymbol{a} + m_y\boldsymbol{b} + m_z\boldsymbol{c}$,代入$|\sum e^{-i\boldsymbol{K}\cdot\boldsymbol{R}}|^2$,对于正交晶体,得方程(13)。仅考虑$\boldsymbol{K}_x$方向,由"等比"级数得到方程(14),N 为$\boldsymbol{a}$方向原胞的个数,得到图 12。这就是$\boldsymbol{K}_x$方向倒格空间的点阵,$\boldsymbol{K}_y$, $\boldsymbol{K}_z$方向类同。对方程(14)使用洛必达法则,取极限,每当$\frac{K_x a}{2} = n\pi$,即$K_x = \frac{2n\pi}{a}$,方程(14)等于$N^2$。所以$\boldsymbol{K}_x$方向每隔$\frac{2\pi}{a}$,就会出现一个衍射峰。转动样品,倒格空间也转动,当倒格空间的点阵与 Ewald sphere 相交,探测器就探测到一个衍射峰。相邻衍射峰的距离是$\frac{2\pi}{a}$,此时$\boldsymbol{K}_x$的大小满足$\left|\frac{K_x}{2}\right| = |\boldsymbol{k}_1|\sin\theta = \frac{2\pi}{\lambda}\sin\theta = \frac{\pi}{a}$(图 6),可写成$\lambda = 2a\sin\theta$,即布拉格方程。布拉格方程在严格意义上说是不准确的,因为到目前为止,整个理论是建立在运动学基础上的。严格讲应该使用动力学。动力学也可以得到布拉格方程的结果,但,只是一个近似的结果。这里需要说明一点:由于历史的原因,探测方向和入射方向的夹角被定为$2\theta$,所以 X 射线衍射数据的横轴是$2\theta$。而$2\theta$是与$\boldsymbol{K}$相关的,实质上就是$\boldsymbol{K}$的"长度"。

图 12 还包括了半峰宽,峰与峰之间的"小鼓包"。"小鼓包"的个数就是 N。但半峰宽的信息,就是平常说的德拜谢乐(Debye-Scherrer)公式,将在下面细述。

# 第四章 X光衍射的方方面面

## 4.1 消光现象

沿续上面的讨论,通过"晶格"对$|F(K)|^2$贡献的分析,得到方程(14)。沿着$K_x$方向,每隔$\frac{2\pi}{a}$,出现一个衍射峰,即(100)、(200)、(300)、(400)…。通过体心立方结构推出结构因子的方程(12),仅考虑$K_x$方向,方程(12)简化为(15)。

$$|F|^2 \propto |e^0 + e^{-iK_x \cdot \left(\frac{a}{2}\right)}|^2 \propto \cos^2(K_x \frac{a}{4}) \tag{15}$$

当$K_x = \frac{2\pi}{a}$,$\frac{6\pi}{a}$,$\frac{10\pi}{a}$,…时,即(100)、(300)、(500)…,结构因子模的平方$|F|^2 = 0$。因为$|F(K)|^2$是"晶格"、"原胞"共同作用(相乘)的结果(方程(11)),最终导致(100)、(300)、(500)…晶面不出现衍射峰,仅出现(200)、(400)、(600)…晶面的衍射峰。这就是所谓的消光现象。又比如,Si在X方向的晶格常数是$a$。把晶格往X轴收缩的话,每隔$\frac{a}{4}$的地方出现两个原子,所以从一维的角度来讲,晶格常数变为$\frac{a}{4}$,因为每$\frac{a}{4}$出现一个原胞。实空间的尺寸缩小为原来的1/4,倒格空间尺寸增大为原来的4倍,所以仅出现(400)、(800)、(1200)…晶面的衍射峰。

## 4.2 相干长度

可以看出来,图12中的衍射峰宽与N有关。N是指,求和的时候每个维度上一共有多少原胞。N应该是一个很大的数值,如果X光是0.1 mm宽,一维情况下,能照射到一百万左右个原胞,三维情况下就是一百万的三次方。但实际上N值远远小于这个数值。Debye-Scherrer公式是用来算晶粒大小的。目前的讨论,是建立在一个假设基础上的,即样品完全是标准的晶体,完全是相干的。而且在傅里叶变换公式中,求和是按照衍射振幅F(**K**)来做的，相位完全都算进去了。这里面一个最基本的假设就是完全相干。如果不相干，无法使用这套理论。当然不相干也可以重新去处理，不再是衍射振幅求和，而是强度相加，这时候平方里面和外面混到一起，无法计算。但是 X 光又不可能完全不相干，这就要引出一个概念——相干长度。

简单地说，当一个平面波打到样品系统上，这个波可以想像成"一列火车"开过来（波列）。"火车头"不是无限的宽，宽度最多达到光束的宽度，假设 0.1 mm。但它的波阵面——波前（wavefront）远远小于 0.1 mm。因为"火车头"（波前）不那么规整，可能是由好几个子波组成，并非同时到达。而且"火车长度"是有限的，即波的振荡长度是有限的。这里有点联系到人类最基本的认识，光到底是粒子还是波？如果是粒子的话，它一定是有限尺寸的。

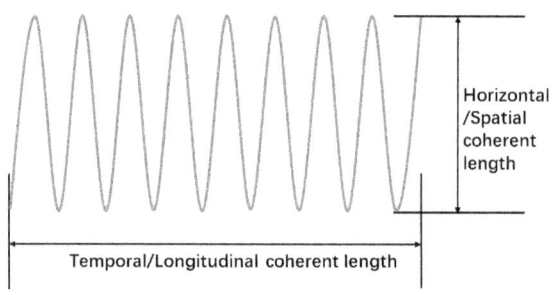

图 13 波的相干长度示意图

波可以假设成一定尺寸的波列，图 13，因此，就引入了两个相干长度的概念，一个是纵向/时间相干长度（longitudinal/temporal coherent length），另一个是横向/空间相干长度（horizontal /spatial coherent length）。样品被 X 光照亮产生散射，但样品尺寸比 X 光波大得多，因此只能照亮一部分样品。只有被图 13 中波列（"火车"）同时照亮的部分可以产生相干散射。所以 N 最大者只等于相干长度除以晶格常数。

### 4.2.1 纵向/时间相干长度

$$L = \frac{\lambda^2}{\Delta\lambda} \tag{16}$$

第一个波列过去了，下一个波列过来，这两个波列照射完全没有关联。同步辐射可以把波列做得很长，但也是有限的。这个波列的长度可以使用公式(16)计算，即波长的平方除以波长的分布宽度（$\Delta\lambda$，色散）。可以简单解释如下：如果 $\Delta\lambda$ 是波长的千分之一，那么 $\lambda/\Delta\lambda = 1000$。但波长相差 $\Delta\lambda$ 的两列波，可以并行大约 1000 个周期而不相消。$L = 1000\lambda$ 就可被当作整个波列的长度。一个波不可能是单波长，总有一定的分布。最接近单波长的是连续的震荡，比如日常用交流电，只要不停电，它的波列可以无限长；连续激光器的波列可以从地球到月球再回来，中间可以没有断裂。但是 X 光不可能很长，因为它的产生机制。X 光波长分布函数不是 δ 函数，具有有限的宽度，即波长的信息中不仅包括最可能的波长，也包括相邻的不同波长的分量。所以波列越长，分布就越窄，如连续激光器发出的波长分布函数就是一个近乎 δ 函数。对于脉冲，脉冲越短，波长分布的宽度越宽。X 光 $\Delta\lambda$ 大约是波长的千分之一、万分之一、等等。整个波列的长度对于大部分 X 光管来说，大概是 0.1 μm。即样品尺寸大于 0.1 μm 时，无法被单个波列全部罩住的话，就不相干，即不能用这些方程对各个电子的散射振幅求和。这就是时间相干长度，也叫纵向相干长度 temporal/longitudinal coherent length。

## 4.2.2 横向/空间相干长度

第二个相干长度就是 X 光的空间相干长度，或称 spatial/horizontal coherent length，也就是"火车头"的宽度，图 13。一般 X 光管发出的"火车头"是支离破碎的，没法保证它是一个平面。怎样保证这个波阵面是完好无缺的呢？只有一个办法，另外造一个。如果波是从一个点发出来的，这个点越小，产生各种缺陷的可能就越少，这个点小到只有一个波长尺寸的时候，发出来的波前一定是完美无缺的。站在很远的地方去看这个点发出来的波，它一定是一个完美无缺的平面波。但实际是不可能做到的。假设能用一个 X 光波长大小的点去发射 X 光，这个光将无限的弱，强度趋向于零。可以使用另外一个办法，就是有限尺寸单孔衍射，它的"张角" = $\frac{\lambda}{\text{孔径}}$。离孔越远的地方，它的波前会越大，即 $\frac{\lambda}{\text{孔径}}$*距离。那个时候，这个平面波的波前就比不经处理的"火车头"要好很多。于是，横向相干长度H = $\frac{\lambda}{\text{孔径}}$*距离。当然这个距离越大越好。但是距离越大，强度越弱，因为强度与距离的平方成反比。空间相干长度对于普通的 X 光机来讲也很小，大概 0.1～0.2 μm。因此如果一列波往前推进，它的宽度和长度是有限的，那它所能够照亮样品的范围也是有限的，照亮的区域同时发出的散射波被探测器接收，所以，"晶粒"的最大尺寸就是这列光波的体积。一般来说，在某个维度上，X 光照量的区域不会超过一千个原胞。因此 Debye-Scherrer 公式规定使用时，不应超过一千个原胞，甚至不超过 1000 Å。

### 4.2.3 Coherent block

从上面的讨论可以了解到，用 Debye-Scherrer 公式算出来的并不是晶粒尺寸本身，而是"波列"的大小。假设仪器相干长度已经大于晶粒尺寸，但测下来的结果却小于晶粒尺度，这个时候 coherent block 的概念就出现了。也就是说单晶颗粒中，还有更小的区域限制着 N。因为由于热力学的原因，不可能达到零熵的状态，因此常常出现位错。位错之间的"完美"晶体就构成 coherent blocks——每个晶粒之中可以包含许多个"相干块"。如果晶体太完美了，coherent blocks 很大，会引起另一个问题——反射太强，它会导致多重反射，之前的理论就无法使用了[x]。出现多重散射，前面所讨论的方法就要作废。这时就需要使用动力学理论，回到麦克斯韦方程，用边界条件解波动方程。我们之前的讨论不用波动方程，只使用微扰论。它的第一阶近似，叫波恩近似，就成了傅里叶变换。在解波动方程的过程中可以发现，布拉格方程只是一种近似解，是一种渐近表达式而已。

---

[x] 补充：透射电镜，对于晶体的样品，这种多重反射更严重。因此很多看到的根本不是想要的东西，而是由于多重散射引起的。

总之，图 12 衍射峰的宽度，及其相关的原胞数 N，取决于下面两者之中的最小值：一、X 光光源的相干长度——纵向相干长度和横向相干长度；二、coherent block 尺寸。[XI]

另外有个粗略估计 N 的方法：如果第一个衍射峰出现在 $2\theta = 10°$，而半峰宽是 $1°$，那么 N 大概是 10（图 12），就是两者之商。

## 4.3 倒格空间

如果样品空间（正空间）晶格的三个方向是互相垂直的，倒格空间中点阵的三个维度也互相垂直。但如果正空间中是斜的呢？单斜、三斜、甚至于六角，这个时候要用布拉格方程中的 $d$，晶面间距，而不是 $a$。如果正空间中是斜的，方程(13)中的 $\boldsymbol{K}\cdot\boldsymbol{R}$ 就会出现一些非 $90°$ 夹角，计算就比较麻烦。所以最简单的方法是：在倒格空间中找某一些 $\boldsymbol{K}$ 方向，与正空间的另外两个方向是垂直的。垂直的话，就可以去掉另外两个方向。所以倒格空间的点阵是用 $\boldsymbol{a}' \propto \boldsymbol{b} \times \boldsymbol{c}$ 来确定的，这里要用"叉乘"，所以 $\boldsymbol{a}' \perp \boldsymbol{b}, \boldsymbol{a}' \perp \boldsymbol{c}$。再次强调，正空间和倒空间互为倒易。另外，倒格空间是有原点的，因为实验中入射方向固定。正空间是没有一定的原点，原点的平移跟整个计算没有任何关系，因为物理并不取决于某个坐标系。假设正空间所有点都进行同样的平移，$\boldsymbol{X}'_j = \boldsymbol{X}_j + \boldsymbol{X}_0$，代入方程(2)，每一项比之前多了一个因子 $e^{-i\boldsymbol{K}\cdot\boldsymbol{X}_0}$，提取出来，这个因子模的平方等于 1，$|e^{-i\boldsymbol{K}\cdot\boldsymbol{X}_0}|^2 = 1$，没有任何影响。同样，正空间坐标系的旋转也没关系，因为倒格空间会随着正空间转动。

因此，倒格空间的 $\boldsymbol{K}_x$ 方向并不一定平行于正空间的 $\boldsymbol{X}$ 方向，它只取决于正空间的 $\boldsymbol{Y}$ 和 $\boldsymbol{Z}$ 组成平面的垂直方向。这时，布拉格方程中 $a$ 就换成了 $d$，即两个原子面之间的晶面间距。

---

[XI] 如果晶体质量太好了，就会出现多重反射，就是多重衍射，要使用动力学理论，但是一般不需这么做。如果晶体太好了，就放到液氮里面，淬火，这时就会出现位错，人为地减小 coherent blocks。位错一旦出现，不会自动消失，需要退火，人为的让 coherent blocks 长大。

## 4.4 衍射几何

如图 6 所示，X 光源在左边，样品是在中间 $S_0$ 点，Ewald 球的半径是 $\frac{2\pi}{\lambda}$，倒格空间的原点在右边的 O 点。在做实验分析的时候，要想像样品在 O 点，而实际上在 $S_0$ 点。这是没有办法的事情。倒格空间实际上是由衍射点组成的（图 12），衍射点的"半峰宽"在三维的情况下变成像"橄榄球"一样的形状，三维都有半峰宽，而且三维的半峰宽不一定一样，所以组成一个"橄榄球"状。假设一个晶体，coherent block 在 Z 方向上很薄，对应的衍射峰的半高宽就越宽。X，Y 方向尺寸很大，对应的衍射峰的半高宽就越窄。综合各个方向，就得到"橄榄球"形状。[XII]

当转动样品，倒格空间就跟着转，衍射点碰到 Ewald 球面时，在探测器上就会有信号，而两点之间几乎没有信号。倒格空间的原点固定在 O 点。衍射点固定在倒格空间的"框"上，"框"的原点固定在 O 点。刚开始的时候，样品放上去，有可能对应的倒格空间所有衍射点都没有碰到 Ewald 球面。在这种情况下，探测器中什么信号都没有。什么时候才开始有信号呢？晶体要转动。一旦转动了样品，倒格空间的衍射点就会碰到 Ewald 球面。样品一般是连续的转动，围绕主轴 Φ 转。转动样品，倒空间也就跟着转动了。此时倒格空间的各个衍射点就会慢慢通过 Ewald 球面，而且一定会全部通过这个球面。假如倒易空间的衍射点很"疏"，即"框"很大，不能与 Ewald 球相交，说明 Ewald 球太小了，或波长太长了；反过来，假如使用很短的波长，如 0.5 Å，Ewald 球很大，倒格空间所有的衍射点都会被挤压在 O 点附近。

对于探测屏幕上，任意一点如 **K**，首先可以获得的信息是 **K** 的长度，**K** 的长度与 $2\theta$ 对应，即从 $\left|\frac{K}{2}\right| = |k_1|\sin\theta = \frac{2\pi}{\lambda}\sin\theta$，可以得到 $2\theta$ 值。

---

[XII] 补充说明：若原胞在 Z 轴上的尺寸很大，Z 方向就"长"不大，Z 方向的 N 就小，Z 方向上的椭球就被拉长。

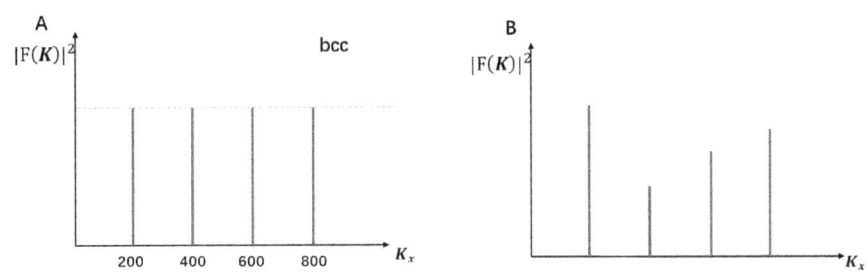

图 14 （A）bcc 结构 $K_x$ 方向衍射图样示意图，（B）一般情况下，$K_x$ 方向衍射图样示意图。

我们已经知道，样品原胞的尺寸反映在衍射峰的位置。通过衍射花样的对称性[XIII]，可以推出原胞的形状。而原胞内部的信息反映在哪呢？各衍射峰的相对强度！比如 bcc 的结构，除了消光，原子散射因子外，各个衍射峰的强度相同（图14A）。而衍射峰强度不同的花样就代表了另外一种结构了（图14B）。所以，X 射线衍射完全可以用来解决原胞内部的结构问题。对于已知的原胞结构，又可以考察它的变化。注意，这里的纵坐标是 $|F(K)|^2$，把振幅取出来要先开根号，然后根据位相决定正负（假设原胞具有中心对称性，位相只能是 $0$，$\pi$）。当然前面还有很多常数，那些可以不用考虑，只要看相对强度就行了。甚至于，不需要考虑原子部分的影响，因为原子的影响是比较缓变的。当然这里面也有误差，关键是只要比较就行。

## 4.5 粉末 X 射线衍射

粉末，或多晶，每个晶粒取向完全无规，每个"原胞"或原子在倒格空间都混到一起了。但倒格空间只有一个共同的原点，这时原来倒格空间的点阵就变成了一个个同心球面。这些同心球面与 Ewald 球面相交，就变成了一个个同心圆。这时候探测器不需要太多的转轴，沿着一个方向扫描

---

[XIII] 如果是一个方形的原胞，它的衍射花样一般还是方的。六角是六角。双螺旋的话，左螺旋翻面变成右螺旋，叠在一起，最后还是中心对称的。

即可。但是这时把半峰宽搞得非常复杂，因为它把各个方向的信息全部都包含进去了。所以，粉末样品使用 Debye-Scherrer 公式只能得到大概的信息。

## 4.6 帕斯伐恒等式（Parseval theorem）

这个定理告诉我们：晶体与非晶体，相干和不相干，X 光衍射的总强度居然是一样的。这在数学上可以证明：

从方程(4) $|F(K)|^2 = \int_x \rho(x) e^{iK\cdot x} \int_{x'} \rho(x') e^{-iK\cdot x'}$

$$= \iint_{xx'} \rho(x) e^{iK\cdot x} \rho(x') e^{-iK\cdot x'}$$

$$= \iint \rho(x) \rho(x') e^{iK\cdot(x-x')} \tag{17}$$

两边对 $K$ 积分，$\int_K |F(K)|^2 = \iiint_{xx'K} \rho(x) \rho(x') e^{iK\cdot(x-x')}$

$$= \iint_{xx'} \rho(x) \rho(x') \int_K e^{iK\cdot(x-x')}$$

$$= \iint_{xx'} \delta(x-x') \rho(x) \rho(x')$$

$$= \int_x \rho^2(x) \tag{18}$$

最后得到的结果，方程(18)，表明，它等于把样品中每个原子的电子数平方相加，而与原子是否有序排列无关。

第四章 X 光衍射的方方面面

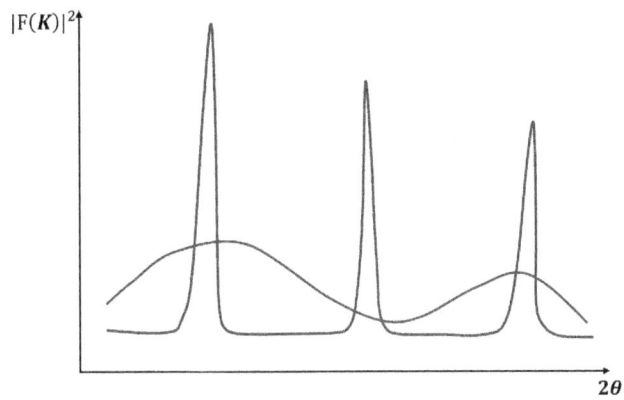

图 15 有序晶体和无序晶体的 X 射线衍射示意图

形象地说,把原子堆叠,堆成一个有序的状态、或无序的状态,所得到的总的散射强度是一样的,这就是帕斯伐恒等式的物理意义。例如:质量相等的两个样品,如纳米管和石墨烯,前者做 X 光衍射后的总信号强度与后者是相等的。同理,对于有序的结构,它的衍射峰一定是"高而瘦",而相对的无序结构必然变得"矮而胖"(图 15)。方程(18)左边是振幅的平方,是能量。右边是电荷,与电场联系在一起,平方后也是能量。所以帕斯伐恒等式的意义又可以是能量守恒。

## 4.7 非晶

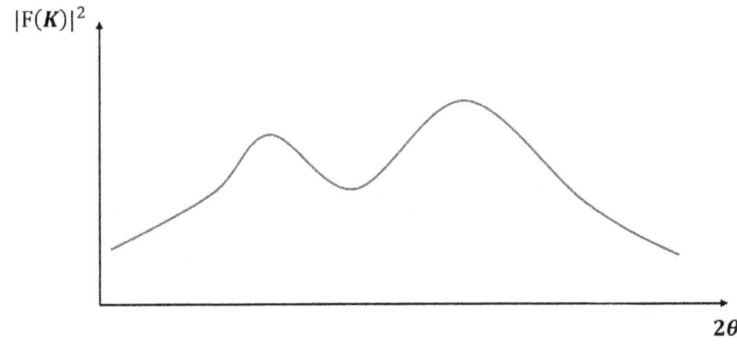

图 16 非晶的 X 射线衍射图样

## 第四章 X光衍射的方方面面

对于非晶，如果原胞像之前介绍的纳米管，先把原胞即纳米圆柱，拆分出来，那么($R$)项就是无规项了。无规项怎么办呢？我们可近似地认为是各向同性的。使用球坐标，三个变量，一个矢径 $r$，一个是 $\theta$，一个 $\Phi$。$\Phi$ 最简单，$\Phi$ 也叫方位角，积分乘 $2\pi$ 就行了。$\theta$ 比较麻烦，$\theta$ 实际上是"纬度"，从"北极"到"南极"，因此中间经常会涉及到一些余弦因子。方程(17)中，$K \cdot (x - x') = |K| * |(x - x')| * \cos\theta$（$K$作为 Z 轴，$x$在三维空间变化）。这就麻烦了，因为在指数上面出现余弦，即出现 $\cos(\cos\theta)$，三角函数套三角函数。如果要展开，只有用贝塞尔函数，很烦。最后结果是一种缓变的鼓包（图16），鼓包最强的地方代表键长。因为非晶再无规，原子和原子之间的键长是有个大概范围的，此时可能会有疑问：若键长固定，应该是尖峰，怎么变成宽峰呢？因为键的方向是无序的。X光衍射是三维无序的组合，所以键长在某个方向上的投影有变化，最后变成了一个宽峰。

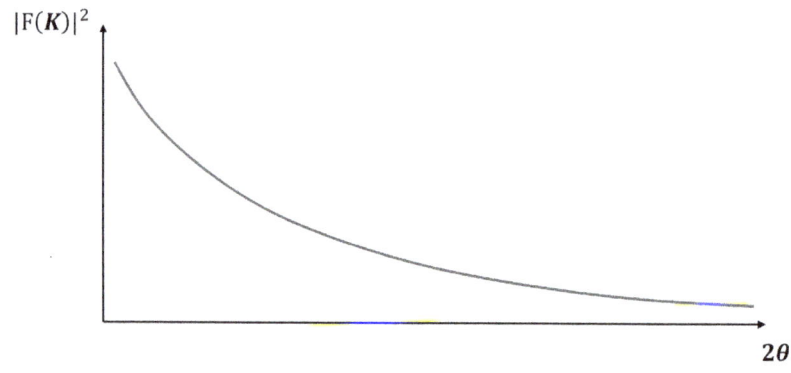

图 17 气体 X 射线衍射图样示意图

这样分析后，发现无序的非晶 X 射线衍射的结果好像也还可行。可以这么说，彻底无序的固体是不存在的。彻底无序的结构衍射图样应该如图 17，只有气体才能这样，这也告诉我们，X 衍射仪的探测器和样品中间，不能隔太多的气体，因为气体也要散射。虽然散射很弱，这个散射会加在样品所有的信号之上。而且 $2\theta$ 角度越小，附加信号越强，角度越大，信号越弱。

## 4.8 Patterson function

Patterson function 就是直接傅立叶变换$|F(K)|^2$。这个傅立叶变换出来的结果$P(x)$，跟原来的$\rho(x)$很不一样。不光是实数，而且是正数。因为方程(18)，右边表示的是电子密度，有电子的地方就是正的，没有电子就是0，不可能到负的。这样一来，就构成一种强烈的限制。可以从 Patterson function 出发，去构造一个"原胞"，即建模。但，这和从零开始建模、拟合又不太一样，它是有$P(x)$作为支撑。

## 4.9 空白法

空白法是 20 世纪 90 年代由 David Sayre 等人完成的。利用无线电信号处理里面的一些理论，即与"空白"相干的办法。简单来说，样品衍射时，光多照一点到没有样品的地方。空白的地方虽然没有衍射，但它会与样品之间产生一些干涉效应，使得信号里面包含一些多余的信息。最后通过解调，避免了 phase problem，使非晶体结构可以完全被解出来，但目前分辨率被限制在 10 nm 以上的尺度。[XIV, XV]

---

[XIV] 样品空间大尺度的信息，只会出现在$K$空间的零点附近，这时往往需要小角度 X 光衍射。

[XV] 大概地，傅里叶变换从一个球变换到一个球，只是球的半径成倒数关系。尤其是高斯函数的傅里叶变换还是高斯函数。

# 第五章 X 光衍射的仪器

讲到仪器，至少要有三个部分：X 光的产生，X 光的接收测量，以及转角器。

## 5.1 X 光的产生

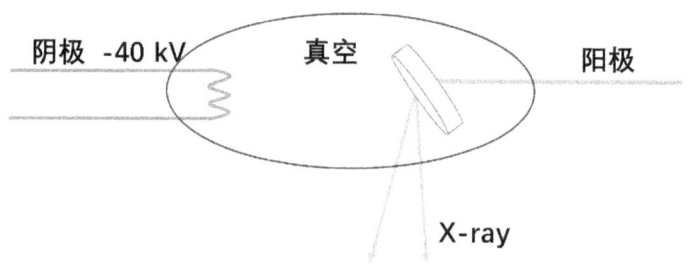

图 18 X 光管示意图

产生 X 光有两大方法，一是用 X 光管（X-ray tube）。与电子管一模一样，一端阳极，一端阴极，图 18，阴极灯丝发射电子，电子打到阳极靶上。电子要打过去，阳极应该加正电压，阴极接负电压。但一般的 X 光管里面电压是几万伏，电流是几十到几百毫安。因此，功率很大。这么多的能量绝大部分都变成热，真正用来发出 X 光的能量是很小的部分，因此需要冷却。冷却往往是用水管子（水若停了，X 光管立刻就会烧坏）。此时的光子数大概为 $10^{6\text{-}7}$（用共同单位，网上可找到），这个数是非常少的。改进使用旋转靶（rotating anode），用旋转来促进散热，光子数可提高 1 - 2 个数量级，当然价格也贵了很多。

# 第五章 X 光衍射的仪器

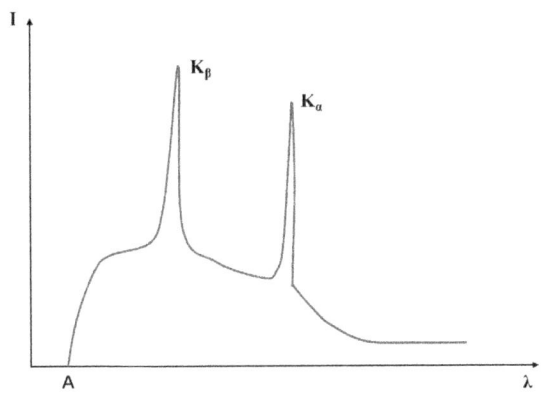

图 19 X 光管发射电磁波谱图

为什么可以发射 X 光呢？因为韧致辐射，又叫刹车辐射，Bremsstrahlung。大量的电子打到阳极会刹车，即减速。而麦克斯韦方程告诉我们，加速运动的电子会发射电磁波，减速也一样，因为大部分的物理定律，宇称和时间反演完全对称的。时间反过来走，加速度就变成减速度，效果一样。所以会发射电磁波，发射电磁波的频率是很宽的，如图 19。另外，金属靶的内层电子，如 Cu，当能量高到一定程度时，会被激发，出现两个特征峰，一个是 $K_\alpha$，另一个是 $K_\beta$。$K_\beta$ 的波长大概是 1.39 Å，$K_\alpha$ 大概是 1.54 Å。开始出现 X 光的 A 点波长与所加电压有关。对于 X 光，越单色越好。这需要两个滤波片（filter），即两层金属膜放在 X 光管外面，一个是铝，一个是镍，最后就得到 $K_\alpha$。

然而，铜的 $K_\alpha$ 细究之下可分成两个峰，$\lambda_{K_{\alpha 1}} = 1.5406$ Å，$\lambda_{K_{\alpha 2}} = 1.5444$ Å，波长差别 0.25%，非常接近。这就与相干长度有关了。它们之间的差别 $\frac{\Delta\lambda}{\lambda} = 0.25\%$，纵向相干长度最多可达到 $\lambda \cdot \frac{\lambda}{\Delta\lambda} \approx 600$ Å $= 60$ nm。要想进一步分开 $K_{\alpha 1}$、$K_{\alpha 2}$ 的话，要用单晶的布拉格衍射。比如，在硅的最强衍射峰(111)处，$K_{\alpha 1}$、$K_{\alpha 2}$ 就分开了。或者其中一个到衍射的时候，另外一个还没到，把它调到偏一点，就分开了。当然强度只有原来的几分之一了。对于绝大部分单晶、粉末衍射，$K_\alpha$ 是不分的，$K_\alpha$ 包括了 $K_{\alpha 1}$ 和 $K_{\alpha 2}$，如果要做高分辨率的实验，就必须要在里面加单晶，把 $K_{\alpha 1}$ 和 $K_{\alpha 2}$ 分开。所以，在买仪器的时，就一定要知道它是否有这样的功能，可以把 $K_{\alpha 1}$ 和 $K_{\alpha 2}$ 分开。否则，纵向的相干长度最长也就是 60 nm，很多新的研究工作就做不了。

## 5.2 同步辐射

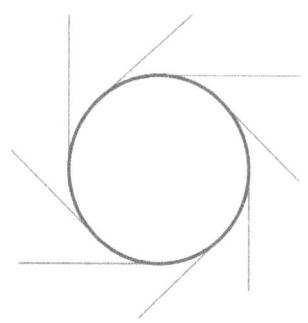

图 20 同步辐射产生 X 光示意图

既然使用电子管产生 X 光强度太小，且单色性不好（$\frac{\Delta\lambda}{\lambda}$太大），大家就想到使用同步辐射。这也是为什么同步辐射越来越成为一种普遍的仪器。还是回到麦克斯韦方程。电子在做加速运动的时候一定会发射电磁波。加速器是从 30 年代就开始了，如回旋加速器。世界上最大的在瑞士，周长好像有 26 公里。这里要注意，不一定要是正圆，只需要在电子要拐弯的地方放磁铁，直的地方不放磁铁。所以圆周不一定是正圆。日内瓦那帮人在 70 年代，发现圆环弯曲的地方都有光子辐射。从那以后，大家就专门造一个环，里面加速电子而不是质子，专门用来发射 X 光。如果从上往下看，圆周周围所有的切线方向都有 X 光，图 20。所以这个环越大越好，可以建很多的工作站。同步辐射的光子数是旋转靶光子数的 $10^9$ - $10^{15}$ 倍。在一般 X 光机器上面扫几天的工作，在同步辐射上扫几秒钟就可以了。而且同步辐射的 X 光要多纯就可以有多纯，单色性极好，即 $\Delta\lambda$ 很小。

这里要稍微提一下同步辐射的原理。电子拐弯就会产生电磁波，频率是根据加速度来的。还可以让它振荡，振荡的频率就是电磁波的频率。粗略估算一下，光速是 $3\times10^{10}$ cm/s，假设磁铁一会儿南一会儿北，交叉进行，每一公分都换南北极。电子从这里面穿过去的时候，它就会左右振荡。左右振荡的波长是多少呢？通常的磁极的大小，就算是 1 cm 吧。计算出频率是 $3\times10^{10}$ Hz，这个频率连红外都不到，可见光在 $10^{15}$ Hz，X 光在 $10^{19}$ Hz。但这是在非相对论的情况下。因为电子速度可以加速到很快，电子的静止质量才 50 万个电子伏特。一百万个电子伏特在加速器里面很容易达到，一百万电子伏特的光子可以同时产生正负电子对，就是从能量变成质量。所以电子很容易加速到接近光速，到那个时候就会出现什么情况呢？多普勒效应。多普勒效应在相对论的情况下，要乘上一个 $\gamma$，$\gamma = 1/\sqrt{1-\frac{v^2}{c^2}}$。而且，在相对论里面，长度要收缩，时间要缩短。最后的结果是，还要再乘一次 $\gamma$，就是 $\gamma$ 的平方。所以频率要乘 $\gamma^2$。速度几乎接近光速，$\gamma$ 的分母几乎是零，$\gamma$ 几乎是无穷大。到了那个时候，电子在这个环里面运动，振荡发出来的光已经是 X 光。[XVI]

这个很有趣，第一，环不需要很圆；第二，不同的地方可以用不同的磁铁。比如 EXAFS，不需要很高的能量，即波长不需要很短，只需要放一个普通的弯转磁铁即可，出来的光，波长就不是特别的短。如果用来做衍射，就需要放 undulator，即比较密的调制磁铁，因为现在同步辐射做衍射的波长标准是 1 Å。[XVII]

电子是在真空中运动的，要把 X 光引出来，需要用非常轻的元素做窗口材料，因为轻元素对 X 光吸收比较弱。X 光从那里引出来后再进行准直。

总而言之，现在同步辐射是巨大的一门产业，而且同步辐射的制造设计，是涉及到一个国家全方位的东西。按照环的大小来排列，目前世界上专用作同步辐射的环排列如下：日本，Spring 8，周长 1500 m；美国，APS，周长 1104 m；法国，ESRF，周长 844 m；台北，周长 518 m；上海，周长 432 m；北京，周长 240 m；等等。

再顺便提一下，怎么来调整光束的大小？用窄缝就行，加上螺旋测位计。把一个垂直的缝和一个水平的缝组合，可组成一个窄孔，这个窄孔很容易做到 1 μm 以下。

## 5.3 X 光的探测

---

[XVI] 正因为高速运动接近相对论，一定要是电子才行，因为电子质量比较小。质子就不行。只要是带电的东西接近高速作加速运动，马上就可以产生极高频率的电磁波，而且这个频率还可以让我们能通过设计它的磁铁来控制。

[XVII] 因为铜靶是 1.5 Å，钼靶是 0.7 Å，这两个经常要换来用，各有各的好处。同步辐射取个折衷，同步辐射站做衍射的标准波长是 1 Å。

X 光探测器现在一般用 CCD。也有用单光子计数器，就是光电倍增管。只是一定要有一层荧光物质（fluorescence materials），因为 X 光打过来，光子的频率非常高，直接打到光电探测器上，能量远远超过带隙（band gap）。所以要有一块荧光材料，X 光照射到荧光材料后，它会放出次级电子，然后 CCD 探测。CCD 一定要做得大，因为 CCD 有噪音。如手机的照相机噪音就很大，所以好的照片一定要用单反，单反照相机的 CCD 是 35 mm。X 光探测的 CCD 一般是 10 cm，即 100 mm × 100 mm。尽管 CCD 已经大很多了，还是有背景噪音，它的像素（pixel）约 4096 × 4096，通常使用的时候，把 4 × 4 = 16 当作一个，即像素变成 1024 × 1024。0.1 mm 对应一个像素点。尽管如此，还是会有背景噪音，测试时，要先把噪音扣除，即测试时，要首先矫正噪音。

## 5.4 多圆转角器（Goniometer）

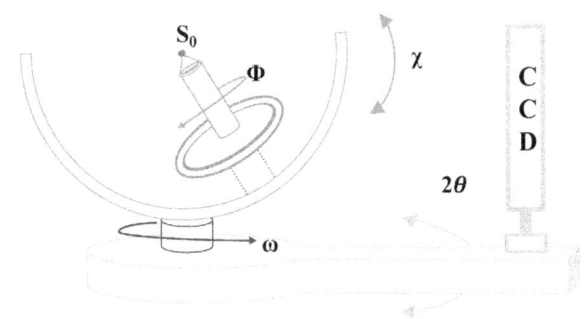

图 21 多圆转角仪侧视图

好的转角仪应该有四个角：Φ，对应样品架的"自转"；ω，对应"经度"；χ，对应"纬度"。就像描述刚体的欧拉角。到达球面上任何一个点，只需要两个度——经度和纬度，即轴本身的指向只需要两个自由度。而轴本身还可以自转，就是第三个自由度。三个自由度有了，整个空间所有的方位都可以记录。牛顿力学研究刚体转动的时候就用欧拉角，也就是这三种自由度，只是名称不同。第四个角度是什么呢？探测器所对应 2θ

（图 21）。转角器是最重要的。转角器性能良好，才能保证高精度测量，转角器的齿轮要非常精密。

接下来看样品怎样转动，如图 21 所示。从图中可以看出有个套在同一轴芯上的圆盘组。上面的圆盘（ω）上装了一个圆弧型吊架。这个吊架可以沿圆弧倾斜，就是 χ。吊架上面有个类似"蜡烛台"，也就是样品台，台顶上才是装样品的地方。样品台顶上还有一堆可以调上、调下、旋转、平移的机构。样品台本身可以自传，就是 Φ，角度是 0 - 2π。吊架可以从上到下倾斜，即 χ，角度是 0 - π[XVIII]。最后一个是 ω，就是吊架所处圆盘，也是可以转的。ω 转动的角度也是 0 - 2π。当然，CCD 就固定在下圆盘的延伸杆上，它的转角就是 $2\theta$。

无论如何转，图 21 样品台的尖端 $S_0$ 对应图 6 的球心 $S_0$ 处。样品转了以后，整个的倒格空间也跟着转。假设样品是单晶，必须想象倒格空间的原点处在 O 点。如果样品是长方形，它的倒格空间一模一样，只是长短轴颠倒。把倒易空间的长方形拿到 O 点，接下来开始转动 Φ。样品在 $S_0$ 处转，但倒易空间的点就开始围绕着 O 点旋转。一旦碰到 Ewald 球面，探测器上面就会有四个点相继发亮了。如果样品是个长方体，同样，倒格空间的所有点都被探测器探测到。此时，会有一种错觉：就像是整个三维倒易空间的东西都被压缩到探测器的二维平面上了。不要紧，因为有软件保证每个 Φ 的位置及信号的强弱，都被自动记录下来。结果就是，Φ 只要转了 360°，整个倒格空间的所有点全部都记录下来了。实验就完成了，计算机记录的信息是三维的。接下来稍做计算，就可以知道晶体结构，即"晶格"部分全部可以解决了。

## 5.5 单园转角仪

---

[XVIII] 补充说明：目前，很多转角仪，χ 没有了，而是把它固定在 54.74°，叫魔术角，这种是三园衍射仪。为什么这样呢？因为通过转 ω 和 Φ，一样可以达到球面的任意一点。

# 第五章 X光衍射的仪器

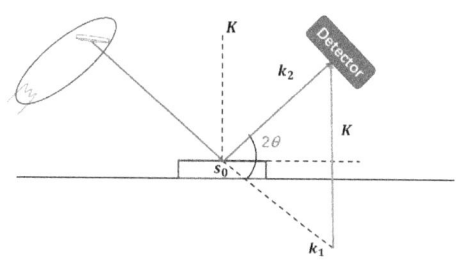

图 22 粉末衍射仪单圆转角仪示意图

一般粉末或薄膜衍射仪使用的是单圆转角仪，如图 22 所示。样品平台是水平的，粉末衍射仪转动起来的时候，它的齿轮使得 X 光管和探测器（detector）联动，即入射线和探测器永远是一起往上或者往下。这有什么好处呢？就是倒格矢 $\boldsymbol{K}$ 永远是垂直水平面的。这个好处就是可以测薄膜沿着法线方向的晶体结构。但平行于水平面的一点都看不到。平行于水平面，被整个积分积起来了，只看到垂直方向的结构。如果把垂直方向叫做 Z 轴的话，它只能探测到 $\rho(z)$，没有 x 和 y，见方程(19)。

$$F(\boldsymbol{K}) = \int_{x, y, z} \rho(x, y, z) e^{-i\boldsymbol{K} \cdot \boldsymbol{R}} = \int_z \rho(z) e^{-iK_z \cdot Z} \tag{19}$$

还有一种情况，X 光管是固定的，探测器转 $2\theta$，样品台跟着转 $\theta$，总而言之，一定会维持 $\boldsymbol{K}$ 垂直样品平面。所有的粉末衍射仪都是这样的，样品的平面永远是在入射线跟出射线的中间。这里还有一点，对于粉末衍射仪，故意地让入射线扩散开些，可以多照到一部分样品，信号多一点。出射线当然就变得各方向都有了。本来需要很精确的角度，这时就变成不精确，所以粉末衍射只能用来参考。但是粉末衍射仪也有高级的，和单晶的一样，X 光入射线只有 $K_{\alpha_1}$。测试也很讲究，准直性很好，但随之而来的就是信号非常弱，测量时间很长。

粉末衍射在绝大多数情况下，因为要求不高，只需要比较最强、次强、再次强三个衍射峰的峰位和强度就可从数据库作对比。真正要拿 XRD 做材料或者物理的研究，一定要用单晶衍射仪。粉末衍射仪是走了一条简便而且快速的道路，但可做的工作有限。

检验粉末衍射仪是否可以做高分辨测试的方法，可以使用单晶。如：现在最容易获得的硅单晶片，贴在样品台上。硅(111)晶面的衍射峰，$2\theta$ 在 28°～29°，扫描该处的衍射峰，查看峰宽，峰宽越窄，说明仪器越好。所以，硅单晶可以用来检测粉末仪的质量。

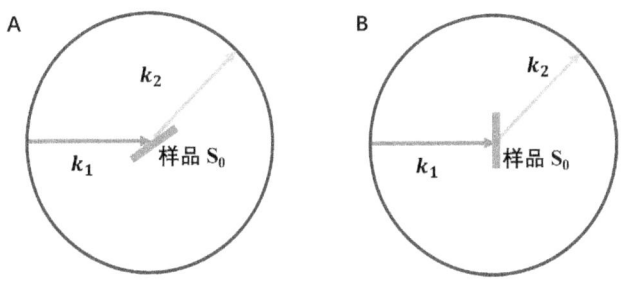

图 23 （A）布拉格法，（B）劳厄法。

用单晶衍射仪时，一般样品尺寸小于 X 光束大小，X 光束可以完全的盖住样品。如 X 光是 0.5 mm，即直径 500 μm，样品只有 100 μm。但如果样品的尺寸大于 X 光束的直径，如 Si 单晶片，做衍射时就会出现两种情况：第一，入射线和出射线在样品的同一侧，图 23A，这种方法叫做布拉格衍射法；第二种是，入射线穿过样品，入射线和探测的衍射线中间隔了样品，图 23B，这种方法叫做劳厄法。两种方法本身有什么不同呢？劳厄法，入射光和衍射线要穿过样品，穿过样品就会被吸收。Si 的吸收长度大概是 140 μm，如果样品的厚度在毫米量级，已经是好几个吸收长度了。一个吸收长度就把 X 光斩掉了三分之二以上，厚点的样品会削弱得更多。所以这种方法 X 光的强度会减弱很多。布拉格法是一个反射的过程，并没有穿过样品本身，但会受很多方面的限制，如衍射角受限制。粉末衍射仪只有反射法，没有透射法。劳厄最早发现 X 光的衍射就是用的透射的方法，当时没有转角仪，他是怎么做的呢？他根本就没有滤掉$K_\alpha$、$K_\beta$，他使用整个"刹车"辐射的 X 光谱作为光源，整个"刹车"辐射里面有很多波长（图

19），Ewald 球面变成了一个球体，一大堆的衍射点就出来了。这就是劳厄法的由来。它一定要穿过样品，因为事先根本不知道 $2\theta$ 在哪。[XIX]

## 5.6 小角衍射仪

样品中越大的范围，对应的倒格空间就越小。这个时候可以把探测器拉远一点。对于铜靶，布拉格公式变成 $2\theta$ 的角度乘上 $d$ 等于 90 Å，方程 (20) 可用来作估算：

$$2\theta \times d \approx 90 \qquad (20)$$

这里的 $\theta$ 是用角度表示的，如果 $2\theta = 1°$，$d = 90$ Å；如果 $2\theta = 0.1°$，$d = 900$ Å；如果 $2\theta = 0.01°$，$d = 9000$ Å $= 0.9$ μm。所以一个微米的尺度在 X 光铜靶的情况下，$2\theta$ 要小到 $0.01°$ 就行了。CCD 探测器上 10 公分的长度内可以有 4096 个像素点，很容易获得 $0.01°$ 的精度。而且，小角衍射仪的探测器可以拉远一点，一般可以拉到 0.5 m，所以小角也没有问题。小角的衍射从 30 年代起发展出了一整套理论。X 光也开始从晶体走向了所有的系统。

## 5.7 温度

温度的实质就是原子振动的强弱。振动是有规律的，即：原子根本没"跑掉"，它们都只在原来的位置上振动。它们的振动可以用三维的爱因斯坦-德拜模型描述。当然实际振动远远比这复杂。在这种情况下，整个 X 光衍射图像就会受到一些新的调制，这在 X 光经典的书里面有详细的介绍。大概是要多乘以一个因子，$\exp\left(B\left(\frac{\sin\theta}{\lambda}\right)^2\right)$，而 B 与温度有关。这是一个单调的变化，问题不是很大。但是如果研究涉及到原胞结构时，要比较多级的衍射峰，这个因子就有用了。

---

[XIX] 现在若要使用劳厄当时的多波长方法，就要先把 filter 去掉，再装回去时就需要校正，需要重新调试。

## 5.8 偏振（Polarization）

电子散射一般不是球面波,是偶极辐射,具有偏振方向(polarization)。正因为 X 光管的偏振方向随机,所以要在前述各个 F($K$) 方程中多乘以一个因子 $\frac{1+\cos^2(2\theta)}{2}$。如果是同步辐射,入射 X 光已经是偏振光,不再需要这个因子。

# 例题：

1. 现有一纳米粒子系统，每个粒子大小相似，估计形状像"手榴弹"，即一大一小两个圆柱相接。假定它们是完全无规分布，且大致取向相同。问：预计的 XRD 结构？如何测量（转哪些轴）？

2. 一样品在单晶仪上转至某个方位时，CCD 出现了六角点阵。每个六角形由 6 个三角形组成，顶部呈正梯形。此时 $\chi$ 轴正好沿水平方向。若转动 $\chi$ 轴 90°，则 CCD 显示一组等间距的垂直亮线。其中每一根的亮度，都会沿线作正弦振荡，其周期比线间距小一些。然后 $\chi$ 轴转回 90°，再转 $\omega$ 轴 90°，则 CCD 给出一组等间距的水平亮线。其中 1/3 水平线的亮度还是沿长度方向作正弦振荡；另外的 2/3 水平线则亮度有些起伏，但不是从"有"到"无"，再到"有"。沿着长度方向起伏的"频率"，与剩下的 1/3 水平线一致。从上到下，每对亮度震荡的水平线之间，隔着 2 根亮度起伏的水平线。（使用钼靶 X 光，Ewald Sphere 可近似成平面。）问，这是什么样品？

## 研究实例：

1. 首次利用薄膜样品的多级XRD衍射峰，研究生长在Si衬底上的SiC，并获得SiC原子排布紊乱的定量描述。具体做法是，通过高精度测量多级XRD衍射的相对强度，得到结构因子的相对强度。再经过傅里叶变换，得到样品空间的电子密度分布情况，从而获得样品空间界面处的结构信息，即原子位置紊乱情况。（Physical Review Letters, 2000, 84(9), 1926-1929.）

2. 首次利用高精度XRD解答了长期悬而未决的多层碳纳米管空间结构问题。确认了多层纳米管的同心套结构，并否定了石墨卷模型。具体的做法是，对比高精度XRD衍射结果，将多层纳米管的两种可能的结构，使用柱坐标贝塞尔函数展开。再进行傅里叶变换，得到两种模型的倒易空间。由衍射图样特性的比较，从而确定碳纳米管的结构。（Advance Material, 2001, 13(4), 264-267.）

# 附录 I

**例题解答**

1. 解：（1）根据方程(10)：

$$|F(K)|^2 = |\sum_j e^{-iK\cdot R_j}|^2 \cdot |\sum_r e^{-iK\cdot r}|^2 \cdot |\sum_s e^{-iK\cdot s}|^2 \cdots$$

忽略原子项，得到：$|F(K)|^2 = |\sum_j e^{-iK\cdot R_j}|^2 \cdot |\sum_r e^{-iK\cdot r}|^2$

① 对于(R)项：

$$|\sum_j e^{-iK\cdot R_j}|^2 =$$

$$(e^{iK\cdot R_1} + e^{iK\cdot R_2} + e^{iK\cdot R_3} + \cdots)(e^{-iK\cdot R_1} + e^{-iK\cdot R_2} + e^{-iK\cdot R_3} + \cdots)$$

$$= \left(1 + 1 + \ldots + 1 + \sum e^{iK(R_i - R_j)(i\neq j)}\right) = N$$

（N 是原胞的个数，无规结构 $\sum e^{iK(R_i - R_j)(i\neq j)} = 0$）

② 对于(r)项，首先考虑圆柱的傅里叶变换：

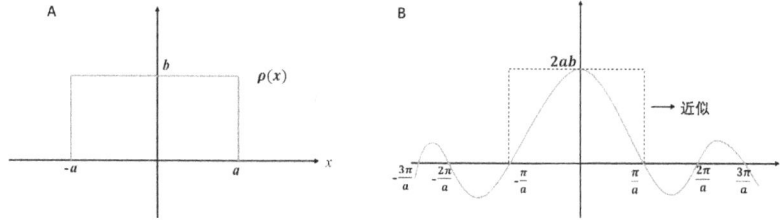

图I （A）"门"函数示意图，（B）"门"函数傅里叶变换示意图

对于"门"函数$\rho(x)$, $-a \leq x \leq a$, $\rho(x) = b$；$x > a$, $\rho(x) = 0$, $x < -a$, $\rho(x) = 0$, 如图I A, 对该函数做傅里叶变换：

$$\mathcal{F}(\rho) = \int_{-a}^{a} be^{iKx}dx = b\frac{e^{iKa} - e^{-iKa}}{iK} = \frac{2\sin(Ka)}{Ka}ab$$

对应的函数如图I B，正空间$\rho(x)$越宽，傅里叶变换$\mathcal{F}(\rho)$峰值越高，对应的半宽就越窄。在两维的情况下，$x$ 和 $y$ 方向上的 $a_x$ 和 $a_y$，分别变成 $K_x$ 和 $K_y$ 方向上的 $\frac{\pi}{a_x}$ 和 $\frac{\pi}{a_y}$。也就是说，如果是个方形（$a_x = a_y$），傅里叶变换后还是方形。如果是长方形，傅里叶变换后由高瘦变成矮胖，图II。为了计算方便，我们可以将"门"函数近似成高斯函数，因为它的傅里叶变换还是高斯函数。

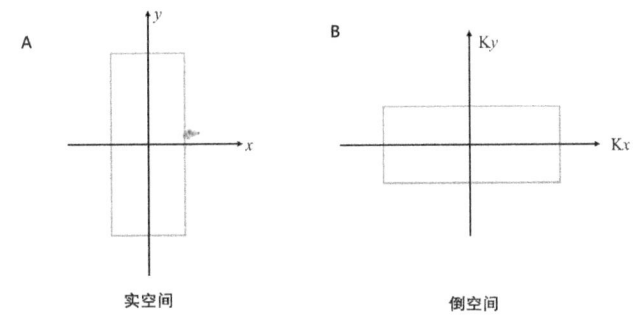

图 II 长方形（A）的傅里叶变换（B）示意图

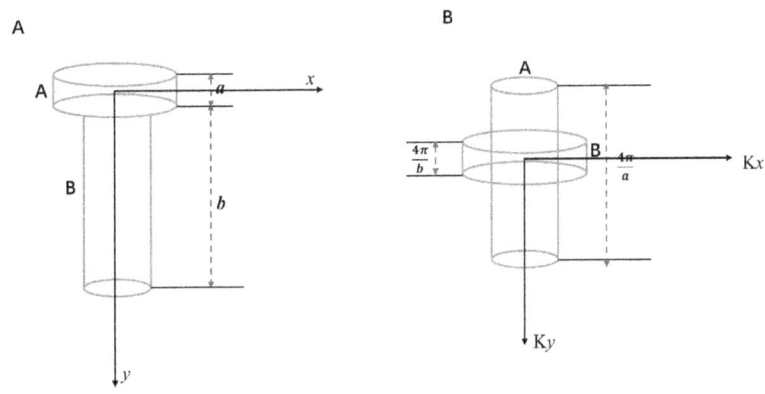

图 III （A）正空间手榴弹示意图，（B）倒空间手榴弹示意图

因此，正空间是圆柱，倒易空间仍然是圆柱，只是瘦长变成矮胖，对于两个圆柱组成的手榴弹，图 III A，倒易空间如图 III B。假设，正空间的原点取在 A 圆柱（矮胖）的中心，B 圆柱（瘦长圆柱）的中心位置是$(0, \frac{a+b}{2})$。假设圆柱为实心圆柱，圆柱内电子密度函数$\rho(x)=1$，圆柱外电子的密度函数$\rho(x)=0$。近似地，我们可以定义，A 圆柱的傅里叶变换后是 $M_A$，B 圆柱的傅里叶变换是 $M_B$。它们分别表示，在倒格空间中以原点为中心的两个圆柱：之内取值 1，之外取值 0。由于正空间中 B 圆柱的中心相对坐标

原点 $y$ 轴平移了 $\frac{a+b}{2}$，所以 B 圆柱的傅里叶变换相对与 A 圆柱也多了一个平移相因子 $e^{iK_y\frac{a+b}{2}}$，即 $M_B e^{iK_y\frac{a+b}{2}}$。因此，对于(r)项：

$$|\sum_r e^{-i\boldsymbol{K}\cdot\boldsymbol{r}}|^2 = |M_A + M_B e^{iK_y\frac{a+b}{2}}|^2$$

$$= |M_A|^2 + |M_B|^2 + |M_A|\cdot|M_B|\left(e^{iK_y\frac{a+b}{2}} + e^{-iK_y\frac{a+b}{2}}\right)$$

$$= |M_A|^2 + |M_B|^2 + 2|M_A|\cdot|M_B|\cos(K_y\frac{a+b}{2})$$

该函数，在 $\cos\left(K_y\frac{a+b}{2}\right) = -1$ 时，取得极小值，极小值等于 $|M_A|^2 + |M_B|^2 - 2|M_A|\cdot|M_B|$；

在 $\cos\left(K_y\frac{a+b}{2}\right) = 1$ 时，取得极大值，极大值等于 $|M_A|^2 + |M_B|^2 + 2|M_A|\cdot|M_B|$。更进一步，假设 $|M_A| = |M_B|$，

$\cos\left(K_y\frac{a+b}{2}\right) = -1$ 时，取得极小值，极小值等于 0；

$\cos\left(K_y\frac{a+b}{2}\right) = 1$ 时，取得极大值，极大值等于 $4|M_A|^2$。

$\cos\left(K_y\frac{a+b}{2}\right) = -1$ 时，$K_y\frac{a+b}{2} = (2n+1)\pi$，$K_y = \frac{2(2n+1)\pi}{a+b}$ 时取极小值，又，两个圆柱叠加重合部分，$|K_y| \leq \frac{2\pi}{b}$，即 $K_y = \pm\frac{2\pi}{a+b}$ 时，衍射峰取极小，极小值等于 0。

$\cos\left(K_y\frac{a+b}{2}\right) = 1$ 时，$K_y\frac{a+b}{2} = 2n\pi$，$K_y = \frac{4n\pi}{a+b}$ 时取极大值，又 $|K_y| \leq \frac{2\pi}{b}$，即 $K_y = 0$ 时，衍射峰取极大，极大值等于 $4|M_A|^2$。注意：这里没有限制 $a$ 与 $b$ 的大小。示意图如图IV。

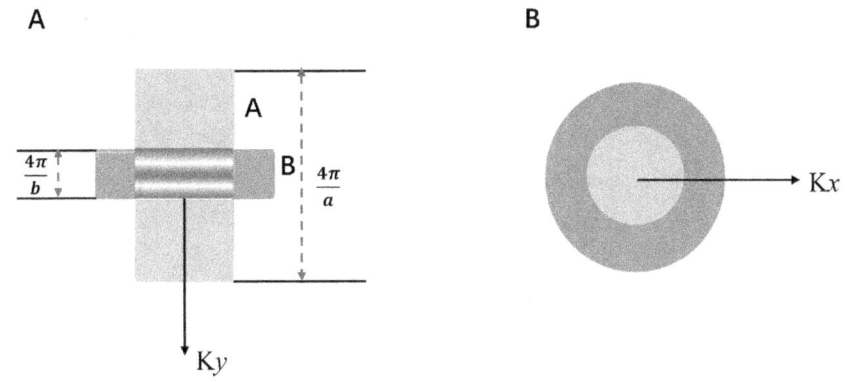

图IV 手榴弹衍射示意图

(2) 测试时，转动 Φ、χ、ω 至出现图IV A 的衍射花样，且不随 Φ 或 ω 转动而改变；或转动 Φ、χ、ω 至出现图IV B 的衍射花样，且不随 Φ 转动而改变。

2. 解：(1) 某一方位时，CCD 出现了三角/六角点阵，根据傅里叶变换，正空间也是六角点阵；

(2) 已知：转动 χ 轴 90°，则 CCD 显示一组等间距的垂直亮线。其中每一根的亮度，都会沿线作正弦振荡。

首先对正弦振荡的垂直亮线做傅里叶变换，设正弦函数为 $\sin(Kb)$，则：

$$\rho(x) \propto \int \sin(Kb) e^{-iKx} dK \propto \int (e^{iKb} - e^{-iKb}) e^{-iKx} dK$$
$$= \int (e^{iK(b-x)} - e^{-iK(b+x)}) dK$$
$$= \delta(b-x) - \delta(b+x)$$
$$\Rightarrow x = \pm b$$

由于从"强度"到"振幅"要开根号，以上正负 δ 函数在实空间都代表着"点"。所以结论是：两个点，上下排列；

又因 CCD 沿水平方向显示等间距的垂直亮线，因此，正空间表示为沿水平方向等间距的上下双点，如图 V

图 V 等间距的垂直亮线的实空间示意图

综合(1)六角点阵，(2)垂直的点，得到实空间样品是，双层石墨烯。

(3) 若转动 ω 轴 90°，则 CCD 给出一组等间距的水平亮线。
① 其中 1/3 水平线的亮度沿长度方向作正弦振荡。根据(2)，该水平亮线，正空间是两个水平的点；
② 2/3 水平线则亮度比较均匀，先忽略"亮度起伏"，对该水平亮线做傅里叶变换，得：

$$\rho(x) \propto \int a e^{-iKx} dK \propto \int e^{-iK(x-0)} dK = \delta(x-0) \Rightarrow x = 0$$

即：亮度均匀的水平线对应的正空间是一个点；

综合①和②，该方向，正空间类似图VIA，但相对位置未知，又(1)和(2)得到的是两层石墨烯结构，所以，图VIA中的点在竖直方向排列成两条线，变换成图VI B或者图VI C。

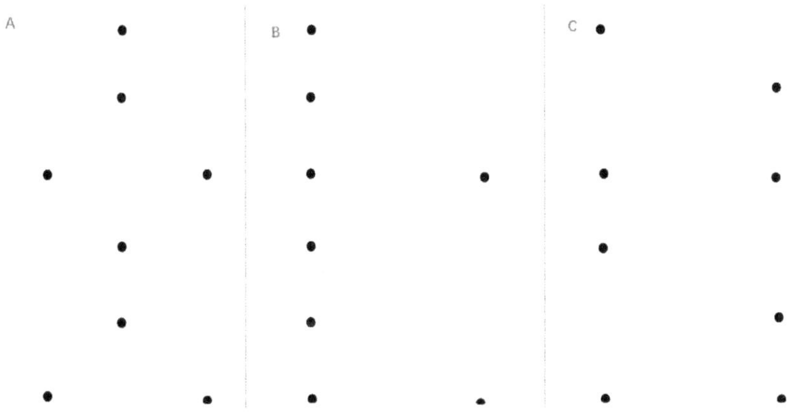

图VI 等间距的水平亮线实空间示意图

又水平亮线是等间距排列，即正空间点在竖直方向是等间距的，根据两层石墨烯排列的规则，可以想像，对应的实空间，两层石墨烯有交错，第一层石墨烯六方点阵的中心对应的第二层石墨烯位置有原子，即第二层石墨烯与第一层石墨烯有相对位移，位移矢量（11$\bar{1}$0）。

www.ingramcontent.com/pod-product-compliance
Lightning Source LLC
Chambersburg PA
CBHW062157220526
45470CB00009B/2849